基于遥感影像矿山环境信息提取方法研究

潘洁晨　著

黄河水利出版社
·郑州·

内容提要

本书以鄂西聚磷区为研究对象，结合数学形态学的理论方法和MATLAB系统平台，快速准确地圈定因矿山修路导致的矿山周围生态环境的破坏范围边界；对图像融合基本理论及基本算法研究，找到适应获取矿区空间纹理信息的图像融合方法。通过对微弱信号处理基础理论，降低植被干扰的方法研究，获取植被覆盖密集区煤矿的微弱信息。本书可以作为大学生扩展遥感信息提取方面的课外读物，也可以为从事遥感矿山信息研究者提供借鉴。

图书在版编目(CIP)数据

基于遥感影像矿山环境信息提取方法研究/潘洁晨著.—郑州:黄河水利出版社,2019.10
ISBN 978-7-5509-2533-5

Ⅰ.①基… Ⅱ.①潘… Ⅲ.①矿区环境保护-遥感图象-图象处理-研究-湖北 Ⅳ.①X322

中国版本图书馆CIP数据核字(2019)第236158号

出版社:黄河水利出版社
地址:河南省郑州市顺河路黄委会综合楼14层　　邮政编码:450003
发行单位:黄河水利出版社
发行部电话:0371-66026940、66020550、66028024、66022620(传真)
E-mail:hhslcbs@126.com
承印单位:河南新华印刷集团有限公司
开本:787 mm×1 092 mm　1/16
印张:8.75
字数:213千字
版次:2019年10月第1版　　印次:2019年10月第1次印刷

定价:48.00元

前　言

遥感科学与技术作为20世纪迅速兴起的一门多学科相互渗透、相互融合的新型交叉学科，具有很强的应用性。遥感的发展由技术驱动、需求牵引，利用遥感（RS）数据能快速高效地获取和分析全面、系统、真实的地表空间动态变化信息，能为资源和环境的监测、优化管理、规划发展提供完整的决策依据，所以遥感广泛地应用在全球环境、土地利用、资源调查等方面，是资源与环境监测中的重要技术手段。遥感已经成为大气、海洋、生态环境、农业、林业、矿产等研究领域和相关行业获取时空分布与变化信息的重要手段。

应用卫星遥感能在短时间内获取矿区开采现状的信息，相对于传统野外调查方法，能节省大量的时间、人力和物力；另外，卫星遥感技术可以快速准确地查明矿区各种矿山类型、面积分布、开发利用与保护现状，为圈定环境污染的时空分布、建立环境污染预测模型提供基础数据等。利用遥感技术对矿山环境进行动态监测和分析具有显著优势。因此，基于遥感影像矿山环境信息提取方法研究具有重要的学术价值、很强的实用性和广阔的应用前景。

由于矿山环境的特殊性，若要实现高效、快捷并准确地调查矿山开发现状、生态环境破坏现状及动态变化，就应采用具有多比例尺、多时相、多种数据、省力、经济、实时等多种优点的遥感方法。所以，通过遥感方法可以对矿山环境现状、矿山环境近年来的变化进行有效的监控，从而有利于政府贯彻依法开矿方针，整顿矿山开发秩序，对充分利用矿山资源，恢复和治理矿区生态环境具有重要的社会意义和一定的学术价值。

本书以鄂西聚磷区为研究区，由于磷矿、煤矿等的开发对三峡和丹江口库区、汉江流域生态环境产生巨大的环境效应为背景，研究定位于利用遥感数据，结合数学形态学的理论方法和 MATLAB 系统平台，快速准确地圈定因矿山修路导致的矿山周围生态环境的破坏范围边界；对图像融合基本理论及基本算法研究，找到适应获取矿区空间纹理信息的图像融合方法，认为 SFIM、Gram-Schmidt 融合方法能够较好地获取矿区空间纹理信息。通过对微弱信号处理基础理论及降低植被干扰的方法研究，对研究区植被覆盖密集的煤矿微弱信息的提取可以通过植被覆盖度和掩模相结合的方法提取矿产弱信息。

本书主要包括绪论及三篇内容。

第 1 章 绪论，简要介绍了矿山环境破坏信息提取的研究背景、研究目的和意义，矿山环境遥感监测研究状况以及本书的主要研究思路和内容。

第一篇主要是基于数学形态学的理论和方法，紧紧围绕遥感影像上矿山活动信息（主要是因开采磷矿，修建道路造成的环境破坏）的提取展开研究。本部分共分四章，主要内容及安排如下：

第 2 章 介绍数学形态学的发展与遥感图像处理及二值形态学基本运算及其性质，为后续章节的讨论做理论准备。

第 3 章 讨论了数学形态学用于目标提取的相关算法，利用数学形态学的方法进行灰度图像上目标的边缘检测，并对多种方法进行了比较。

第 4 章 详细阐述了目标提取的主要过程，包括图像预处理技术以及所用到的几种像素模板，通过比较找出了最佳的像素模板，提取出了比较理想的环境破坏区域目标，并对试验结果进行了比较分析。

第5章 总结与展望，总结了全书的主要内容，分析了提取过程中存在的问题，并对以后数学形态学在这方面的发展提出了自己的见解。

第二篇主要基于图像融合的基本理论及经典的图像融合算法研究，通过对不同融合方法结果对比，找到获取矿区空间纹理信息的最佳融合方法，本部分共分三章，主要内容及安排如下：

第6章 介绍图像融合的基本理论，以此为理论准备研究后续内容。

第7章 为经典的图像融合算法研究，对图像融合的经典算法做具体详尽的研究。

第8章 通过对不同融合方法结果对比，找出适合获取研究区纹理信息的最佳融合方法是基于亮度调节的平滑滤波图像融合(SFIM)方法。

第三篇主要针对研究区(鄂西聚磷区)内，煤矿均分布在植被密集覆盖山区。该区煤矿开采方式为硐采，并且煤及煤矸石为弱信息，难以从中等分辨率的遥感影像上识别出来。通过对微弱信号处理基础理论的研究和降低植被干扰的方法研究，提出基于植被覆盖度和掩模相结合提取植被密集覆盖区矿产弱信息。本部分共分三章，主要内容及安排如下：

第9章 介绍微弱信号处理基础相关理论。

第10章 介绍降低植被干扰的方法研究。

第11章 介绍基于植被覆盖度和掩模相结合提取植被密集覆盖区的矿产弱信息。

本书撰写过程中参阅了大量学者的学术著作并引述了相关的成果，在此对这些学者表示诚挚的敬意和谢意。

由于作者水平有限，书中难免存在不妥之处，殷切希望读者批评指正。

作 者

2019年7月

目　录

第三篇　基于植被覆盖度和掩模相结合提取植被密集覆盖区矿产弱信息

第1章 绪 论

§1.1 研究背景

矿产资源是人类赖以生存和可持续发展的物质基础,也是国民经济发展的重要物质基础。然而,长期粗放式的矿产资源开发,特别是不合理、不合法的开采,不仅导致资源浪费、流失,而且大大改变了矿山生态系统的原始物质循环状态和能量流动方式,破坏了矿山生态系统。尤其是近年来大量矿山的非规范化和个体化开采,导致矿产开发秩序较为混乱,矿山中大量的原本可利用的土地被占被损,并且矿山废弃物对土地资源、生物资源和水资源造成了不同程度的污染,并导致滑坡、泥石流等自然灾害发生,矿山环境污染问题越来越突出,严重威胁到人民的生命财产安全和制约了社会的可持续发展。所以,2005 年 6 月,国家发展和改革委员会正式批准国土资源部"金土工程"建设项目建议书。其中,矿产资源国家安全保障系统(实现对矿产资源开发利用的有效监管和调控)是其重点建设项目之一。

由于三峡工程建设和南水北调中线工程的主体经过湖北西部。工程的开展一方面向我们提出了巨大的矿产需求和建材需求,为培植我国和当地建材支柱产业提供了难得的机遇;另一方面又因为南水北调工程的需要,将制约甚至严重限制邻近地区(三峡和丹江口库区以及相关主要水系附近)的矿业发展。因此,如何贯彻新的科学发展观,实现两者之间的平衡,有效限制直至全面制止乱采滥挖,就成为一个亟待解决的现实课题。鄂西聚磷区矿产资源开发多目标遥感调查与监测项目,正是针对这一课题而开展的实时监测和研究工作。项目的实施和执行,将为政府职能部门提供必要和充分的决策依据,为发展当地的支柱产业和环境保护提供科学和合理的选择途径。

承前所述,鄂西聚磷区由于磷矿、煤矿等的开发对三峡和丹江口库区、汉江流域生态环境产生巨大的环境效应,所以怎样开展矿产资源开发利用状况、矿山环境和矿产资源规划执行情况遥感调查与监测工作,准确适时地获取客观数据,为自然资源部制订矿产资源规划,保持矿产资源的可持续开发与利用,维护矿业秩序以及综合整治矿区环境提供技术支撑及决策依据。基于这样的考虑,结合研究条件及其实用价值,研究定位于利用遥感数据,结合数学形态学的理论方法和 MATLAB 系统平台,快速准确地圈定因矿山修路导致的矿山周围生态环境的破坏范围边界;对图像融合基本理论及基本算法研究,找到适应获取矿区空间纹理信息的图像融合方法,认为 SFIM、Gram-Schmidt 融合方法能够较好地获取矿区空间纹理信息。微弱信号处理基础理论,降低植被干扰的方法研究,对于研究区植被覆盖密集,煤矿等裸露地表的微弱信息可以通过植被覆盖度和掩模相结合提取植被密集覆盖区矿产微弱信息。

§1.2 研究的目的和意义

1.2.1 研究目的

矿产资源开采的过程是一个复杂的系统工程,每个过程中,其工艺、技术的应用和管理的不完善都可能造成对周围环境的破坏,甚至引发地质灾害。不断恶化的矿山环境问题成为影响矿业可持续发展的主要因素之一。随着遥感技术的发展,应用卫星遥感能在短时间内获取矿区开采现状的信息,相对于传统野外调查方法能节省大量的时间、人力和物力;另外,卫星遥感技术可以快速准确地查明矿区各种矿山类型、面积分布、开发利用与保护现状,为圈定环境污染的时空分布、建立环境污染预测模型提供基础数据等。目前,除瓦斯突出和爆炸、顶板冒落、矿井突水等监测有较大难度外,利用遥感技术对矿山环境进行动态监测和分析具有显著优势。因此,基于遥感影像矿山环境信息提取方法研究具有重要的学术价值、很强的实用性和广阔的应用前景。

1.2.2 研究意义

近年来,我国矿山环境保护和治理工作虽然取得了一些阶段性成果,但恶化趋势还未得到有效的遏制,矿区废水、废气与固体废物污染严重,植被、土地及水生态破坏问题突出。为了对矿山受污染的生态环境进行有效的治理和修复,需要及时了解其受污染的程度及其变化趋势。传统的矿山环境污染监测采用直接采样进行化学分析、物理方法以及生物指示诊断等。这些方法能够对不同地点污染的强度及变化进行准确的测定,但是工作程序通常繁杂而昂贵,并且直接采样的技术无法提供适用于大范围污染地区制图的区域信息。

遥感数据(如可见光、近红外、热红外,微波)作为一种信息源,在20世纪60年代之前还只能以可见光为主进行远距离观测,当今科学技术的迅速发展则为我们提供了越来越先进的遥感传感器。这些传感器被放置在航天或航空平台上,以数字成像的方式在更广阔的波谱范围来观测我们赖以生存的地球和空间环境,提取地表环境各类地学宏观信息。同时,伴随着计算机技术的飞速发展,遥感图像处理与分析技术也为人类更好地利用如此丰富的遥感信息资源提供了更大的可能。利用遥感(RS)数据能快速高效地获取和分析全面、系统、真实的地表空间动态变化信息,能为资源和环境的监测、优化管理、规划发展提供完整的决策依据,遥感广泛地应用在全球环境、土地利用、资源调查等方面,是资源与环境监测中的重要技术手段。遥感技术具有监测范围广、速度快、成本低,并且便于进行长期的动态监测等优势,还能发现用常规方法往往难以揭示的污染源及其扩散的状态,具有其他常规方法不可替代的优越性。在矿山环境污染监测方面,遥感技术同样发挥了极其重要的作用,并且会越来越重要。

由于矿山环境的特殊性,若要实现高效、快捷并准确地调查矿山开发现状、生态环境破坏现状及动态变化,就应采用具有多比例尺、多时相、多种数据、省力、经济、实时等多种优点的遥感方法。所以,通过遥感方法可以对矿山环境现状、矿山环境近年来的变化进行有效的监控,从而有利于政府贯彻依法开矿方针,整顿矿山开发秩序,对充分利用矿山资源,恢复和治理矿区生态环境具有重要的社会意义和一定的学术价值。

§1.3　矿山环境遥感监测的研究状况

1.3.1　遥感技术的发展概述

1957年10月4日苏联发射了人类第一颗人造地球卫星，标志着遥感新时期的开始。1959年苏联宇宙飞船“月球3号”拍摄了第一批月球像片。20世纪60年代初人类第一次实现了从太空观察地球的壮举，并取得了第一批从宇宙空间拍摄的地球卫星图像。这些图像大大地开扩了人们的视野，引起了人们的广泛关注。随着新型传感器的研制成功和应用、信息传输与处理技术的发展，美国在一系列试验的基础上，于70年代初（1972年7月23日）发射了用于探测地球资源和环境的地球资源技术卫星“ERTS－1”（陆地卫星－1）。为航天遥感的发展及广泛应用，开创了一个新局面。

至今世界各国共发射了各种人造地球卫星已超过3 000颗，其中大部分为军事侦察卫星（约占60%），用于科学研究及地球资源探测和环境监测的有气象卫星系列、陆地卫星系列、海洋卫星系列、测地卫星系列、天文观测卫星系列和通信卫星系列等。通过不同高度的卫星及其载有的不同类型的传感器，不间断地获得地球上的各种信息。现代遥感充分发挥航空遥感和航天遥感的各自优势，并融合为一个整体，构成了现代遥感技术系统。为进一步认识和研究地球，合理开发地球资源和环境，提供了强有力的现代化手段。

当前，就遥感的总体发展而言，美国在运载工具、传感器研制、图像处理、基础理论及应用等遥感的各个领域（包括数量、质量及规模上）均处于领先地位，体现了现今遥感技术发展的水平。苏联也曾是遥感的超级大国，尤其在其运载工具的发射能力上，以及遥感资料的数量及应用上都具有一定的优势。此外，加拿大、日本、西欧等发达国家和地区也都在积极发展各自的空间技术，研制和发射自己的卫星系统，例如法国的SPOT卫星系列、日本的JERS和MOS系列卫星等。许多第三世界国家对遥感技术的发展也极为重视，纷纷将其列入国家发展规划中，大力发展本国的遥感基础研究和应用，如中国、巴西、泰国、印度、埃及和墨西哥等，都已建立起专业化的研究应用中心和管理机构，形成了一定规模的专业化遥感技术队伍，取得了一批较高水平的成果，显示出第三世界国家在遥感发展方面的实力及其应用上的巨大潜力。

随着遥感技术和应用的不断发展，遥感一词也从初期的名词定义的推敲变成了大众化的技术用语。航天遥感、航空遥感这些专用术语也有了明确的含义。从地面到太空，多平台、多种传感器组成了系统的遥感信息获取系统。这些信息在作物估产、资源勘查、气象预报、地质构造、军事侦察等领域取得了前所未有的应用效果，初步形成了完整的遥感技术体系。2001年10月，中国国土资源航空物探遥感中心为贯彻落实国土资源部2000年263号文件精神，在国土资源部开发司的统一领导下，经过充分调研、论证后，自筹资金，选择有较齐全遥感数据及典型矿山的北京怀柔和唐山开滦两地为试验区，进行了为期三个月的“矿产资源开发状况遥感动态监测试验研究”。对这两个地区的小型金矿、铁矿（怀柔试验区）和大型煤矿、采石场、小型铝土矿（开滦试验区）的矿山开发现状和动态进行了监测，通过此次试验，初步探索了一条利用遥感技术进行矿产开发状况动态监测的技术体系、工作方法与工作程序，从此，遥感技术在矿山环境动态监测领域得到了广泛的发展。

1.3.2 遥感技术在矿山环境领域应用研究进展

多光谱遥感在矿山环境污染监测中占据着十分重要的角色。它主要是通过彩色合成和彩色空间变换、图像增强处理等方法定性或者半定量地提取矿区污染信息。随着高空间分辨率商业卫星的飞速发展,以高空间分辨率遥感数据为主,辅以多光谱数据是目前开展矿山环境污染遥感监测的主要技术手段之一。在欧洲,欧共体实施了 MINEO 工程,以法国地调局为代表的多个欧洲公司和研究单位已经着手利用最先进(高光谱)的地球观测技术评价、监测开矿活动对环境造成的影响。目前,常用的多光谱数据有 ASTER、IRS - P6、SPOT5、IKONOS、"北京一号"、福卫二号、资源二号、Quick - bird。正射纠正、数据融合以及遥感信息多层次筛选技术是多光谱遥感监测矿山环境污染的核心,目视解译与彩色变换、图像增强技术相结合是多光谱遥感提取矿山环境污染信息常用的分析手段。

1.3.2.1 矿山固体废弃物污染

矿山固体废弃物一般包括煤矸石、剥离废弃物、废石(渣)、尾矿库等固相废料。矿山固体废弃物不仅占用、破坏大量土地,而且对土壤和水资源造成了严重的污染。美国早在1969 年就组织了由土地保护部矿山处执行的包括矿山环境与灾害监测的项目,取得了明显的防灾和减灾效果。他们利用遥感技术对煤矿开采的煤矸石堆放进行了动态监测,以防止煤矸石堆发生爆炸。我国每年工业固体废物排放量中,85% 以上来自矿山开采。由于地表物质的剥离、扰动、搬运和堆积,大量破坏了植被环境和山坡土体,产生的废石、废渣等松散物质极易促使矿山地区造成植被破坏、水土流失、地面塌陷及自然景观的破坏等环境问题。其中矿山开采沉陷问题,是国内外矿产资源开采后面临的最普遍的问题,而煤矿由于采煤塌陷破坏土地在全国工业系统中居于首位,每采 1×10^4 t 原煤平均要塌陷土地 0.3 hm^2。传统的实地测量方法工作量大,成本高。而采矿塌陷是一种典型的土地利用/土地覆盖变化(LUCC)现象,伴随着地面光谱特性、纹理特征、空间关系等的变化,其体现在塌陷盆地形成、塌陷空间范围扩展、土地利用属性变化等方面。杜培军、彭苏萍等以 TM 图像为信息源,在 GIS 支持下对采矿塌陷地的分类和提取方法进行了研究,有效地查明煤矿区积水塌陷面积及其动态变化信息。陈龙乾利用三个不同时期的 TM 遥感图像编制了土地利用结构变化图,研究表明,采煤塌陷土地不断扩大,年均增加率为 6.33%,复垦速度却跟不上塌陷速度。金学林、郭达志等在晋城、铜川、开滦等矿区,对矿山的大气、塌陷进行了遥感调查分析,并对以"3S"技术为主体的地球信息科学技术在矿山环境监测中的应用优越性和可行性进行了阐述。Ferrier G 等利用成像光谱技术对西班牙的最大的铜矿区 Rodalquilarite 进行长期跟踪,分析了由于铜矿的过度开采所造成的地面沉降和严重影响其他资源和设施作用的原因和发展趋势。

随着遥感技术的发展,高分辨率数据、成像光谱仪研究领域的扩大,在矿山环境监测中可根据光谱特征直接识别出矿山废弃物堆放的位置,快速有效地查找到污染源。高光谱直接识别矿山固体废弃物污染的理论基础,是岩石矿物在 0.4 ~ 2.5 nm 和热红外区间均有自身独特的诊断吸收谱特征,根据这些吸收特征,可以判断矿区废石堆等固体废弃物在700 nm 和 1 000 nm 也均具有 3 价和 2 价铁离子以及 2 200 nm 附近 Al - OH 或 Fe - OH 的吸收特征。Swayze, G. A. 用 AVIRIS 航空数据成功提取了矿区内重金属异常的空间分布; Mars, J. C., et al 选择 Rocky 矿区采用 AVIRIS 航空高光谱数据识别出了矿区内 18 种矿物类别和 5

种植被的空间分布状况。甘甫平等利用矿区航天 Hyperion 高光谱数据并以矿物识别谱系技术为主结合上述诊断谱特征有效识别出矿区的污染类型及其分布:对于以黄铁矿等含铁矿物为主的围岩或贫矿矿石的氧化污染利用700 nm、1 000 nm 以及2 200 nm 附近的特征吸收分别识别出含 Fe^{3+} 矿物及其 Fe^{2+} 和 Fe^{3+} 混合矿物,并进一步根据光谱特征识别出赤铁矿和针铁矿。为矿山环境遥感的定量分析提供了理论基础。Ferrier 成功利用 AVIRIS 机载高质量影像光谱数据圈定西班牙南部 Rodaquilar 金矿区因尾矿堆放渗滤和扩散引起的环境污染范围。

1.3.2.2 植被污染

矿山植被污染主要在遥感影像上表现为由矿山粉尘所造成的大气污染以及各种废水和固体废弃物造成的酸碱和重金属等毒害变异现象。植被污染会导致大量的土地退化,如 Almeida 和 Shimabukuro 用多时相 TM 遥感数据作了矿山的土地覆盖精确变化图,并推算如果按目前的土地退化速度,到2019 年那些退化的土地将无植被覆盖。植物的变化也反映了矿区的污染程度和污染类型,雷利卿等在山东肥城矿区应用遥感技术进行矿山环境污染研究,通过对矿山受污染植被和水体信息的提取,提出适合矿山环境研究的遥感图像处理方法。多光谱只能定性地研究矿山植被污染的程度。矿区各种活动引起的植物酸碱或重金属中毒现象,其污染的表现均会体现为植物的非正常生长,尤其是叶绿素情况的差异,如发生病变后叶绿素含量减少,红谷变浅,红谷和绿峰之间的梯度变缓,红外反射率(760 ~ 1 220 nm) 增高,从而使685 nm 处左右叶绿素最大吸收的深度明显变浅,金属含量愈高,吸收谷愈浅。因而利用光谱在550 ~ 760 nm 的波段最大吸收深度,可定量分析与植株或冠层的波谱变异特征相对应的植被污染情况,但该研究对于植被污染效应的提取是在假定植物种类均一的情况下利用其最大吸收深度进行污染分析,会因不同植物类型光谱参数的差异而难以在统一的框架下进行准确的识别。

除重金属污染之外,高光谱遥感还能监测植被受空气污染的状况。Horler 等发现受空气污染地区多年的叶簇的红边位置比正常叶子向短波方向偏移了5 nm(蓝移)。但是,在某些植被类型中,蓝移还与重金属含量偏高有关,水稻受重金属铬和铜污染伤害后,无论在生理上还是在反射光谱方面变化都比较显著,特别是铬和铜拌土生长的水稻在分蘖期受到的影响最明显,有效波段为540 ~ 580 nm、640 ~ 690 nm、740 ~ 800 nm。

1.3.2.3 水体污染

自然水体的波谱特性具有显著的特点,在可见光波段内,水体的波谱特性非常复杂,其反射率主要取决于水面、水中物质、水体底部物质的反射,还受到水深的影响,因而水体本身性质及水中物质类型、含量对反射率都有影响;在红外波段,水体吸收的能量高于可见光波段,即使水很浅,水体也几乎全部吸收了近红外及中红外波段内的全部入射能量,所以水体在近红外及中红外波段的反射能量很低,而植被、土壤等其他地物在这两个波段内的吸收能量较小,具有较高的反射特性,这使得水体在这两个波段上与植被、土壤等其他地物有明显的区别,因此利用水体的波谱特性可以把它和其他地物区分开来。遥感监测水体污染的主要机制是被污染水体具有独特的区别于未被污染水体的诊断波谱特征。

矿山开采对矿区周围环境污染当属水污染最严重,水体是污染物的载体,水体污染主要体现为水体的富营养化及水中酸碱性的改变、重金属的污染。矿山固体废弃物的淋滤水、选矿废水的排放是矿山生态环境最严重的污染源之一。传统的对矿山水体、植被、土壤直接采样监测的方法无法提供区域性的污染地区制图信息，然而遥感技术可以提供污染地区和周边地区的卫星影像和航片，掌握污染源的位置、污染物的组分及其扩散的动态变化。雷立卿等在山东肥城矿区采用了自适应增强方法来突出水体分布、增强水体边界，取得了较好的效果。而对于水体层次的处理，主要用密度分割的方法，为建立水污染遥感解译标志和宏观调查研究区地表水的污染程度，以及圈定水污染范围提供了重要依据。Venkataraman 等对印度北部的铁矿，利用遥感数据和有限的基础数据对露天开采矿区的环境影响做了研究，借助利奥波德矩阵法分析了采矿活动对水体和植被的影响，用因子分析法分析矿区土壤成分受到的影响，用聚类分析法分析了土壤的含铁情况，用氧的同位素分析了水体污染状况，从而定性分析了矿区植被、土地利用、地表水、地下水和土质受矿产开发的影响程度。James I Sams Ⅲ研究中采用图像处理与 GIS 结合的方法，在研究区提出 70 个可能的酸性矿山废水点，通过现场实地勘察，最后在 70 个可能点中，验证其中 24 个点确实为酸性矿山废水的排放点。相当长一段时间内，水体污染的遥感监测主要是根据污染水域色调变化的程度和利用多光谱数据有效波段的探测值与实测数据间建立相关的数学统计关系模型进行定性与半定量监测。这种方法较为简单，定量化程度不够，并且对实测数据及其与遥感数据的同步性依赖较大。

高光谱遥感则可利用其精细光谱特征，在分析总结野外实地测量或利用光谱库获取污染水体的光谱信息，通过光谱微分技术、光谱匹配技术等逐像元地筛选图像光谱，达到定量反演水体中叶绿素浓度等参数的目的，完成水体污染监测。在我国，由于高光谱遥感数据获取困难及其他客观原因，开展此方面的研究较少，主要集中在地面高光谱数据水质参数反演模型的研究，同时也利用 OMIS－Ⅱ航空成像光谱仪和 Hyperion 分别就叶绿素浓度、矿区内水体酸碱性、太湖水体富营养化状况开展了高光谱定量反演水污染的研究。刘圣伟、卢霞等在江西德兴铜矿山，运用美国 EO－1 卫星 hyperion 高光谱数据对矿山废弃物废水的污染光谱特征信息进行提取，获得矿山水体的污染状况，为矿山污染的诊断和监测提供新技术与新的技术支撑。但是这些成果定量化反演的精度均有待提高，并且面对混合像元问题时没有提出较好的处理办法。

归纳起来，遥感技术在以下几个方面对矿山环境的研究发挥了重要的作用：

（1）矿山开采状况的现状监测，矿山环境的监测由于目的的不同，监测的技术手段和调查方法有比较大的差异。基于遥感卫星数据并结合 GIS 手段，可以解决常见的诸如植被破坏、越界开采、水体污染等环境监测问题。

（2）矿山开采引发的环境地质灾害的监测、泥石流、塌陷等监测问题。

（3）矿山“三废”对矿区环境的污染状况的监测。

（4）矿山环境生态恢复与重建的遥感监测。

（5）天地一体化的矿区环境遥感监测系统的建立。

（6）为政府部门急需了解矿山情况提供技术支撑。

1.3.3 矿山环境污染遥感监测发展趋势

传统的矿山环境监测技术与方法，具有范围小、准确性差、信息不及时等缺点。以遥感及地理信息技术为主体和核心的空间信息技术与传统调查监测技术相结合，发展趋势为：

（1）利用遥感技术，对矿山的综合、动态、实时监测，获取丰富全面的信息。

(2)定量化是遥感监测矿山环境污染的发展趋势，不同遥感数据源用于矿区内不同的监测对象时其精度不同。因此，需要选取典型矿区就常用的矿山环境污染遥感监测数据源开展监测精度的评价工作。

(3)利用 GIS 进行数据处理与空间分析，克服了分析方法的不足，实现了信息分析的空间与属性一体化，并增强了分析与综合处理的功能，提高了分析与监测的精度。

(4)目前，矿山环境污染与破坏遥感监测正在从单一遥感资料的分析，向多时相、多数据源的信息复合，从对各种污染信息表面性的描述，向内在规律分析、定量化反演过渡。无论是高空间、高光谱还是多角度数据，在监测矿山环境污染不同类型时均会起到不同的效果。

§1.4 研究的技术思路与内容

多源遥感卫星数据在矿山环境信息监测中得到了广泛的应用，而高分辨率遥感影像结合应用数学形态学方法提取矿山活动信息的方法在提取矿山生态环境破坏范围的应用还很少见，经过多次试验对比结果显示，利用数学形态学的方法进行矿山活动信息提取，尤其是对矿山修路所引起的矿山生态环境破坏方面信息的识别和提取，该方法显示了很大的潜力和优势。本书第一篇基于 MATLAB 系统平台，充分利用空间遥感技术，采用 IKONS 高分辨率遥感影像数据，实现了对矿区矿山修路所引起的矿山生态环境破坏方面信息的识别和提取，在野外数据的验证下，证明数学形态学方法在监测矿山生态环境破坏信息方面中具有很强的优势，为矿山环境保护、监控和管理开拓了新的思路。第二篇通过对图像融合基本理论及基本算法研究，找到适应获取矿区空间纹理信息的图像融合方法——SFIM、Gram-Schmidt 融合方法能够较好地获取矿区空间纹理信息。第三篇通过微弱信号处理基础理论，降低植被干扰的方法研究，对于研究区植被覆盖密集、煤矿等裸露地表的弱信息易于淹没于植被信息中，可以通过植被覆盖度和掩模相结合提取植被密集覆盖区矿产弱信息。

§1.5 主要研究内容

第 1 章 绪论，简要介绍了矿山环境破坏信息提取的研究背景、研究目的和意义，矿山环境遥感监测研究状况以及本书的主要研究思路和内容。

第一篇主要是基于数学形态学的理论和方法，紧紧围绕遥感影像上矿山活动信息(主要是因开采磷矿，修建道路造成的环境破坏)的提取展开研究。本部分共分四章，主要内容及安排如下：

第 2 章 介绍数学形态学的发展与图像处理及二值形态学基本运算及其性质，为后续章节的讨论做理论准备。

第 3 章 讨论了数学形态学用于目标提取的相关算法，利用数学形态学的方法进行灰度图像上目标的边缘检测，并对多种方法进行了比较。

第 4 章 详细阐述了目标提取的主要过程，包括图像预处理技术以及所用到的几种像素模板，通过比较找出了最佳的像素模板，提取出了比较理想的环境破坏区域目标，并对试验结果进行了比较分析。

第5章 总结与展望，总结了全书的主要内容，分析了提取过程中存在的问题，并对以后数学形态学在这方面的发展提出了自己的见解。

第二篇主要基于图像融合的基本理论及经典的图像融合算法研究，通过对不同融合方法结果对比，找到获取矿区空间纹理信息的最佳融合方法，本篇共分三章，主要内容及安排如下：

第6章 介绍图像融合的基本理论，以此为理论准备研究后续内容。

第7章 经典的图像融合算法研究，对图像融合的经典算法做具体详尽的研究。

第8章 通过对不同融合方法结果对比，找出适合获取研究区纹理信息的最佳融合方法是基于亮度调节的平滑滤波图像融合(SFIM)方法。

第三篇主要针对研究区(鄂西聚磷区)内，煤矿均分布在植被密集覆盖山区。该区煤矿开采为硐采，并且煤及煤矸石为弱信息，难以从中等分辨率的遥感影像上识别出来。通过对微弱信号处理基础理论的研究和降低植被干扰的方法研究，提出基于植被覆盖度和掩模相结合提取植被密集覆盖区矿产弱信息。本篇共分三章，主要内容及安排如下：

第9章 介绍微弱信号处理基础相关理论。

第10章 降低植被干扰的方法研究。

第11章 基于植被覆盖度和掩模相结合提取植被密集覆盖区的矿产弱信息。

第一篇　基于数学形态学的矿山道路信息提取方法研究

第 2 章　数学形态学的基本理论

§2.1　引　言

数学形态学的数学基础和所用语言是集合论,因此它具有完备的数学基础,这为形态学用于图像分析和处理、形态滤波器的特性分析和系统设计奠定了坚实的基础。数学形态学的应用可以简化图像数据,保持它们基本的形状特性,并除去不相干的结构。数学形态学的算法具有天然的并行实现的结构,实现了形态学分析和处理算法的并行,大大提高了图像分析和处理的速度。数学形态学基本思想如图 2-1 所示。

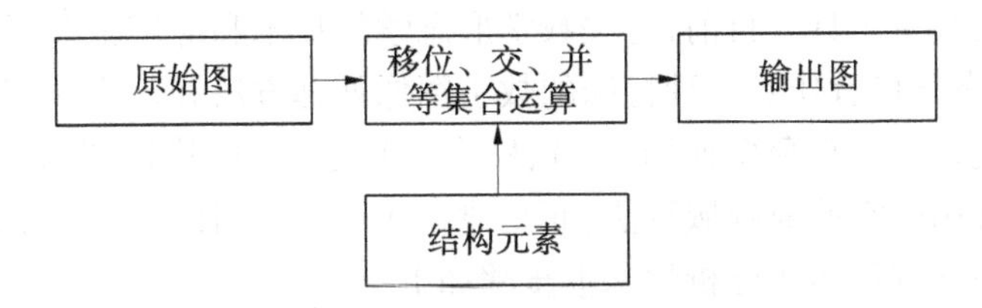

图 2-1　数学形态学基本思想

本章简单介绍了数学形态学与遥感图像处理以及二值形态学的基本运算,主要包括二值腐蚀、二值膨胀、二值开、二值闭运算以及它们的代数性质。

§2.2　数学形态学与遥感图像处理

数学形态学(Mathematical Morphology)诞生于 1964 年,是由法国巴黎矿业学院博士生赛拉(J. Serra)和导师马瑟荣,在从事铁矿核的定量岩石学分析及预测其开采价值的研究中提出"击中/击不中变换",并在理论层面上第一次引入了形态学的表达式,建立了颗粒分析方法。他们的工作奠定了这门学科的理论基础,如击中/击不中变换、开闭运算、布尔模型及纹理分析器的原型等。数学形态学的基本思想是用具有一定形态的结构元素去量度和提取图像中的对应形状以达到对图像分析和识别的目的。

数学形态学是由一组形态学的代数运算子组成的,它的基本运算有 4 个:膨胀(或扩张)、腐蚀(或侵蚀)、开启和闭合,它们在二值图像和灰度图像中各有特点。基于这些基本运算还可推导和组合成各种数学形态学实用算法,用它们可以进行图像形状和结构的分析及处理,包括图像分割、特征抽取、边界检测、图像滤波、图像增强和恢复等。数学形态学方法利用一个称作结构元素的"探针"收集图像的信息,当探针在图像中不断移动时,便可考察图像各个部分之间的相互关系,从而了解图像的结构特征。数学形态学基于探测的思想,与人的 FOA(Focus Of Attention)的视觉特点有类似之处。作为探针的结构元素,可直接携带知识(形态、大小、甚至加入灰度和色度信息)来探测、研究图像的结构特点。

数学形态学的基本思想及方法适用于与图像处理有关的各个方面,如基于击中/击不中变换的目标识别,基于流域概念的图像分割,基于腐蚀和开运算的骨架抽取及图像编码压缩,基于测地距离的图像重建,基于形态学滤波器的颗粒分析等。迄今为止,还没有一种方法能像数学形态学那样既有坚实的理论基础,简洁、朴素、统一的基本思想,又有如此广泛的实用价值。有人称数学形态学在理论上是严谨的,在基本观念上却是简单和优美的。

数学形态学是一门建立在严格数学理论基础上的学科,其基本思想和方法对图像处理的理论和技术产生了重大影响。事实上,数学形态学已经构成一种新的图像处理方法和理论,成为计算机数字图像处理的一个重要研究领域,并且已经应用在多门学科的数字图像分析和处理的过程中。这门学科在计算机文字识别、计算机显微图像分析(如定量金相分析、颗粒分析)、医学图像处理(例如细胞检测、心脏的运动过程研究、脊椎骨癌图像自动数量描述)、图像编码压缩、工业检测(如食品检验和印刷电路自动检测)、材料科学、机器人视觉、汽车运动情况监测等方面都取得了非常成功的应用。另外,数学形态学在指纹检测、经济地理、合成音乐和断层X光照像等领域也有良好的应用前景。形态学方法已成为图像应用领域工程技术人员的必备工具。目前,有关数学形态学的技术和应用正在不断地研究和发展。

因此,数学形态学可看作是一种特殊的数字图像处理方法和理论,以图像的形态特征为研究对象。它通过设计一整套变换(运算)、概念和算法,用以描述图像的基本特征。这些数学工具不同于常用的空域或频域算法,而是建立在微分几何以及随机集论的基础之上的。

利用数学形态学进行图像分析的基本步骤如下:

(1)提出所要描述的物体几何结构模式,也就是所提取物体的几何结构特征。

(2)根据所提取物体的几何结构特征选择相应的结构元素,结构元素应该简单而且对模板具有最强的表现力。

(3)用选定的结构元素对图像进行击中与击不中变换(HMT),便可得到比原始图像显著突出物体特征信息的图像。如果赋予相应的变量,则可得到该结构模式的定量描述。

(4)经过形态变换后,图像就会突出我们需要的信息,此时,就可以方便地提取信息。

数学形态学的核心运算是定义了击中与击不中变换(HMT)及其基本运算膨胀(Dilate)和腐蚀(Erode)后,再从积分几何和体视学移植一些概念和理论,根据图像分析的各种要求,构造出统一的、相同的或变化很小的结构元素进行各种形态变换。在形态算法设计中,结构元素的选择十分重要,其形状、尺寸的选择是能否有效提取信息的关键。

总之,数学形态学的基本思想和基本研究方法具有一些特殊性,掌握和运用好这些特性是取得良好结果的关键。

§2.3 二值形态学

2.3.1 腐蚀

腐蚀是数学形态学最基本的运算,腐蚀运算也称为结构差运算,它的实现是基于填充结构元素的概念,利用结构元素填充的过程,取决于一个基本的欧氏空间运算——平移。

将一个集合 A 平移距离 x 可以表示为 $A+x$,其定义为

$$A + x = \{a + x : a \in A\} \tag{2-1}$$

从几何上看(见图 2-2),$A+x$ 表示 A 沿矢量 x 平移了一段距离。探测的目的,就是标记出图像内部那些可以将结构元素填入的(平移)位置。

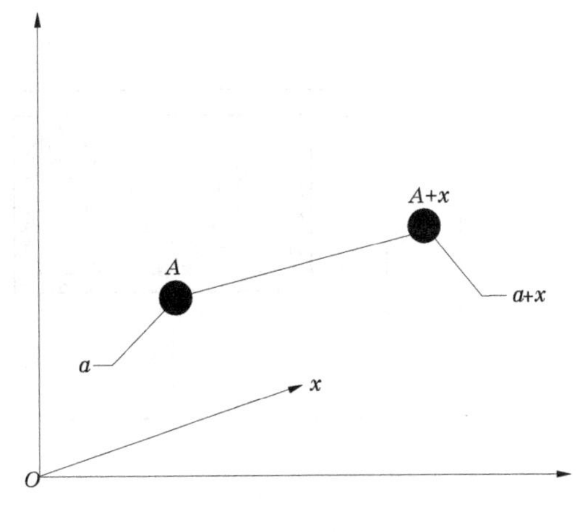

图 2-2　二值图像的平移

根据平移的定义,我们就可得到腐蚀的概念,设 A 为输入图像,B 为结构元素,则 A 被 B 腐蚀($A\Theta B$)定义为:

$$A\Theta B = \{x:B+x \subset A\} \quad (2\text{-}2)$$

其中 $\subset$ 表示子集关系。腐蚀还可以用 $E(A,B)$,$\varepsilon(A,B)$ 和 $REODE(A,B)$ 来表示。$A\Theta B$ 由将 B 平移 x 但仍包含在 A 内的所有点 x 组成。如果将 B 看作模板,那么 $A\Theta B$ 由在平移模板的过程中所有可以填入 A 内部的模板原点像素组成。

如果原点在结构元素的内部,腐蚀具有收缩图像的作用,如图 2-3 所示,图中结构元素 B 为一个圆盘。从几何角度看,圆盘在 A 的内部移动,将圆盘的原点位置(这里为圆盘的圆心)标记出来,便得到腐蚀后的图像。一般地,可以得到下列性质:如果原点在结构元素的内部,则腐蚀后图像输入图像的一个子集;如果原点在结构元素的外部,那么,输出图像则可能不在输入图像的内部,如图 2-4 所示。

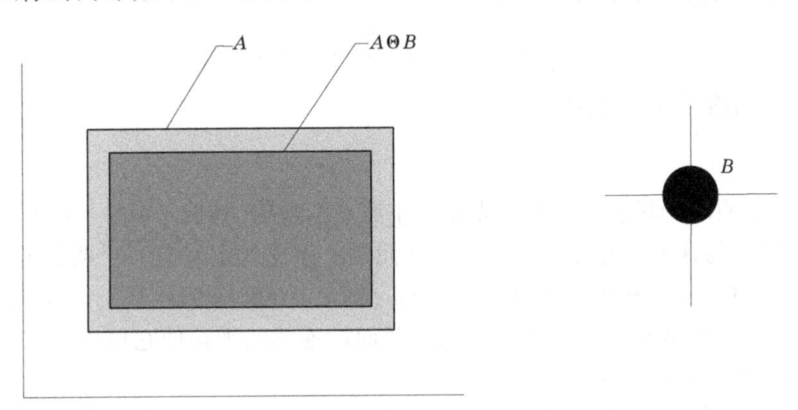

图 2-3　腐蚀类似于收缩

腐蚀除了用填充形式的方程表示外,还有另一个重要的表达方式:

$$A\Theta B = \cap \{A-b:b \in B\} \quad (2\text{-}3)$$

这里,腐蚀可以通过将输入图像平移 $-b$(b 属于结构元素),并计算所平移的交集而得到。从图像处理的观点看,腐蚀的填充定义具有非常重要的含义,而上式则对计算和理论分析十分重要。

腐蚀运算还有一个值得注意的特性:当所选取的结构元素不包含原点时,腐蚀可以用于填充图像内部的孔洞,它表示对图像内部做滤波处理。

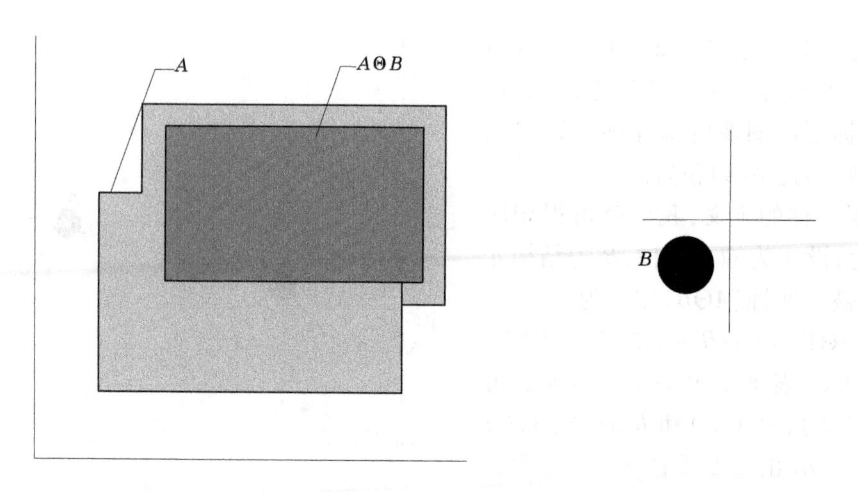

图 2-4 腐蚀不是输入图像的子图像

2.3.2 膨胀

二值数学形态学的第二个基本运算是膨胀，如果说腐蚀可以看作是将图像 A 中每一个与结构元素 B 全等的子集 $B[x]$（并行地）收缩为点 x。那么反过来，将 A 中每一个点 x 扩大为 $B[x]$ 就是膨胀运算，它是腐蚀运算的对偶运算，记为 $A \oplus B$。它定义为：

$$A \oplus B = \bigcup_{x \in A} B[x] \tag{2-4}$$

与上式等价的另一种定义形式为

$$A \oplus B = \{x \mid [(\hat{B}) \cap A] \neq \varnothing\} \tag{2-5}$$

其中 $\hat{B}$ 表示集合 B 的映像：

$$\hat{B} = \{x \mid x = -b, b \in B\} \tag{2-6}$$

式(2-5)表明的膨胀过程是 B 首先做关于原点的映射，然后平移 x。A 被 B 的膨胀是 $\hat{B}$ 被所有 x 平移后与 A 至少存在一个非零公共元素。该式的定义有一个明显的优势，因为如果把结构元素 B 看作卷积模板时有更加直观的概念。尽管膨胀是基于集合的运算，而卷积是基于算术运算，但是 B 关于原点的"映射"及而后连续的平移使它可以滑过集合（图像）A 的基本过程类似于卷积过程。

由于膨胀是腐蚀的对偶运算（逆运算），它又可以通过对补集的腐蚀来定义

$$A \oplus B = [A^c \Theta (-B)]^c \tag{2-7}$$

其中，A^c 表示 A 的补集。膨胀还可以用 $D(A,B)$，$\varepsilon(A,B)$ 和 $DILATE(A,B)$ 来表示。为了利用 B 膨胀 A，可将 B 相对原点旋转 180°得到 $-B$，再利用 $-B$ 对 A^c 进行腐蚀。腐蚀结果的补集，便是所求的结果。膨胀是利用结构元素对图像补集进行填充，因而它表示对图像外部做滤波处理，而腐蚀则表示对图像内部做滤波处理。如果结构元素为一个圆盘，那么，可填充图像的小孔（相对于结构元素而言比较小的孔洞）以及在图像边沿处的小凹陷部分。而腐蚀可以消除图像中小的成分，并将图像缩小，从而使其补集扩大。

2.3.3 腐蚀和膨胀的代数性质

膨胀和腐蚀运算的一些性质对设计形态学算法进行图像处理和分析是非常有用的，其

主要性质有如下几点：

(1)对偶性：　　　$(A^c \Theta B)^c = A \oplus B, (A^c \oplus B)^c = A \Theta B$

腐蚀和膨胀运算的对偶性意味着腐蚀对应于补集的膨胀，反之亦然。这在理论和应用中都十分有用。从本质上来说，数学形态学的基本变换只有一个。

(2)交换性：　　　$A \oplus B = B \oplus A$

值得注意的是 $A \Theta B = B \Theta A$ 通常不成立。

(3)结合性：$A \oplus (B \oplus C) = (A \oplus B) \oplus C$

$A \Theta (B \oplus C) = (A \Theta B) \Theta C$

以上两式表明采用一个较大结构元素 $B \oplus C$ 的形态学运算可以由两个采用较小结构元素 B 和 C 的形态学运算的级联来实现。

(4)递增性：　　　$A \subseteq B \Rightarrow A \oplus C \subseteq B \oplus C$

$A \subseteq B \Rightarrow A(-)C \subseteq B(-)C$

(5)分配性：　　　$(A \cup B) \oplus C = (A \oplus C) \cup (B \oplus C)$

$A \oplus (B \cup C) = (A \oplus B) \cup (A \oplus C)$

$A \Theta (B \cup C) = (A \oplus B) \cup (A \oplus C)$

$A \Theta (B \cup C) = (A \Theta B) \cap (A \Theta C)$

$(B \cap C) \Theta A = (B \Theta A) \cap (C \Theta A)$

此外，腐蚀和膨胀还具有一个重要的性质：平移不变性。用符号 ψ 表示基本图像算子（如滤波算子），如果算子 ψ 满足式(2-8)，则称 ψ 具有平移不变性：

$$\psi(A + x) = \psi(A) + x \tag{2-8}$$

平移不变性表明，先对输入图像做平移，然后施加算子 ψ，与先对输入图像施加算子 ψ，然后做平移所得到的输出结果是一样的。

对于膨胀而言，首先平移图像，然后利用一个给定的结构元素对其做膨胀处理，和先用一个给定的结构元素对图像做膨胀处理，然后做平移处理所得结果是一样的：

$$(A + x) \oplus B = (A \oplus B) + x \tag{2-9}$$

对于腐蚀，平移不变性具有下面形式：

$$(A + x) \Theta B = (A \Theta B) + x \tag{2-10}$$

这里值得注意的是，由于膨胀满足结合律，故由式(2-10)可以直接推出：

$$A \oplus (B + x) = (A \oplus B) + x \tag{2-11}$$

因而，膨胀相对结构元素具有平移不变性。但腐蚀不具备这种性质。事实上，可以证明：

$$A \Theta (B + x) = (A \Theta B) - x \tag{2-12}$$

也就是说，首先平移结构元素，然后对图像做腐蚀处理，等价于先对图像做腐蚀处理，然后沿相反方向平移腐蚀后的图像。

2.3.4　开运算

在形态学图像处理中，除腐蚀和膨胀这两种基本运算外，还有两种二次运算起着非常重要的作用，即开运算及其对偶——闭运算。虽然开运算是以腐蚀和膨胀定义的，但是从结构元素填充的角度看，它具有更为直观的几何形式，这也是其应用的基础。

利用图像 B 对图像 A 做开运算,用符号 $A \circ B$ 表示,其定义为:

$$A \circ B = (A \Theta B) \oplus B \tag{2-13}$$

开运算还可以用其他符号表示,如 $O(A,B)$,$OPEN(A,B)$ 和 $A \circ B$。从式(2-13)可以看出,开运算是先做腐蚀,然后做膨胀运算的结果。

开运算还有另外一种表达方式:

$$A \circ B = \cup \{B + x : B + x \subset A\} \tag{2-14}$$

式(2-14)表明开运算可以通过计算所有可以填入图像内部的结构元素平移的并求得。即对每一个可填入位置做标记,计算结构元素平移到每一个标记位置时的并,便可得到开运算的结果。事实上,这正是先做腐蚀,然后做膨胀运算的结果。

图 2-5 表示了先腐蚀后膨胀所描述的开运算。图中给出了利用圆盘对一个矩形先腐蚀后膨胀所得到的结果。从式(2-14)中也可以看出填充的效果。用圆盘对矩形做开运算,会使矩形的内角变圆。这种圆化的结果,可以通过将圆盘在矩形的内部滚动,并计算各个可以填入位置的并集得到。如果结构元素为一个底边水平的小正方形,那么,开运算便不会产生圆角,所得结果与原图形相同。

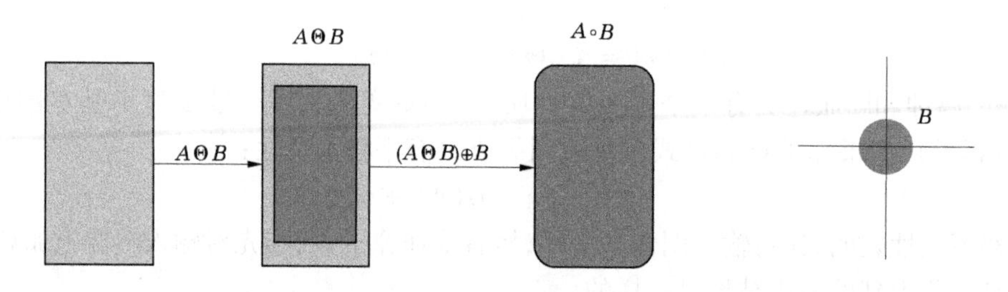

图 2-5 开运算

从图 2-5 中我们可以看出开运算的两个作用:

(1)利用圆盘做开运算起到磨光内边缘的作用,即可以使图像的尖角转化为背景。

(2)圆盘的圆化作用可以起到低通滤波的效果,这与利用方形结构元素得到的结果有很大的不同。

利用开运算的特点可以完成一些特殊的图像处理,并且结构元素通常采用圆形,这是因为圆形结构元素具有旋转不变性。但是,在很多情况下,根据应用目的的不同,使用其他类型的结构元素效果可能会更好一些。

2.3.5 闭运算

闭运算是开运算的对偶运算,其义为先做膨胀再做腐蚀。利用 B 对 A 做闭运算为 $A \bullet B$,其定义为

$$A \bullet B = [A \oplus (-B)] \Theta (-B) \tag{2-15}$$

闭运算还可以表示为 $C(A,B)$,$CLOSE(A,B)$ 和 A^B。由于开、闭运算互为对偶运算,因此有:

$$A \bullet B = (A^C \circ B)^C \tag{2-16}$$

$$A \circ B = (A^C \bullet B)^C \tag{2-17}$$

图 2-6 为闭运算的示意图。由于 B 为一圆盘，故旋转对运算结果不会产生任何影响。闭运算除可采用式(2-15)定义的迭代运算计算结果外，根据对偶性，还可以利用式(2-14)的并运算来求出结果。即沿图像的外边缘填充或滚动圆盘。显然，闭运算对图形的外部做滤波，仅仅磨光了凸向图像内部的尖角。

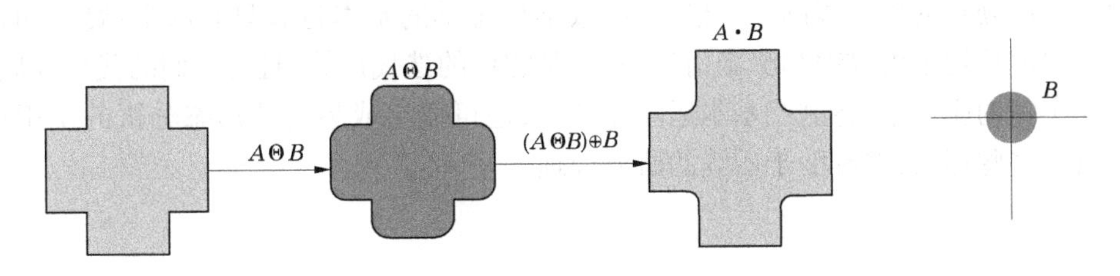

图 2-6　闭运算

2.3.6　开、闭运算的代数性质及作用

(1)扩展(收缩)性

$$A \circ B \subseteq A \subseteq A \bullet B \tag{2-18}$$

(2)单调性

$$A' \subseteq A \Rightarrow A' \circ B \subseteq A \circ B, A' \bullet B \subseteq A \bullet B \tag{2-19}$$

$$\begin{cases} B \subseteq C, C \circ B = C \Rightarrow A \circ B \supseteq A \circ C \\ A \bullet B \supseteq A \bullet C \end{cases} \tag{2-20}$$

其中 A' 表示 A 的一个子集。值得注意的是，结构元素的扩大只有在保证扩大后的结构元素对原结构元素开运算不变的条件下方能保持单调性。

(3)等幂性

$$(A \circ B) \circ B = A \circ B, \quad (A \bullet B) \bullet B = A \bullet B \tag{2-21}$$

式(2-21)意味着一次滤波就已经将所有特定于结构元素的噪声滤除干净，再次重复不会产生其他效果。这是一个与经典方法例如中值滤波、线性卷积等不相同的性质。

(4)平移不变性

$$(A + x) \circ B = (A \circ B) + x \tag{2-22}$$

$$(A + X) \bullet B = (A \bullet B) + x \tag{2-23}$$

开、闭运算均可以用来去除噪声，恢复图像。如果以圆盘作为结构元素对一个矩形做开运算，会使矩阵的内角变圆。这种圆化的结果，可以通过将圆盘在矩形的内部滚动，并计算各个可以填入位置的并集得到。如果结构元素为一个底边水平的小正方形，开运算便不会产生圆角，所得结果与原图形相同。在图像处理中，利用圆盘做开运算可以磨光内边缘的作用，平滑图像的边界，使图像的凸角转化为背景；圆盘的圆化作用还可以得到低通滤波的效果。闭运算主要是对图形的外部做滤波，通过填充图像的凹角点来平滑图像。

由此可以看出，开、闭变换所处理的信息分别与图像的凸、凹处相关，它们均是单边算子，为此可以采取开、闭运算的交替使用来达到双边滤波的目的，这种滤波器称为级联滤波器。

§2.4 小　结

本章比较详细地阐述了数学形态学的基本运算及其性质,这些运算构成了利用形态学进行数字图像处理的理论基础。严格来说,数学形态学的基本运算只有两个:腐蚀和膨胀。开运算和闭运算均是由腐蚀和膨胀衍生而来,是它们的迭代运算,且与它们的代数性质基本一致。在实际的应用中,将这些基本运算相结合,还可以组成另一些形态分析的实用算法,灵活地组合这些算法,将有助于后续的研究处理。

第3章　目标提取的相关形态学算法研究

利用腐蚀、膨胀、开运算、闭运算四种基本运算形态的组合可以得到很多实用的形态学算法，例如：利用腐蚀运算可以进行击中与击不中变换 HMT；利用腐蚀和膨胀的代数结合可以构成形态学梯度；将开运算和闭运算结合起来可以构成形态学滤波器，用来滤除各种噪声等。在这一系列的算法中，结构元素起着至关重要的作用。本章首先介绍了结构元素的特点及在图像处理中表现出的效果，然后重点阐述了击中与击不中变换以及灰度形态学梯度在边缘检测中的作用，为后面章节的目标提取做了充足的准备。

§3.1　结构元素

3.1.1　结构元素与图像处理

各种数学形态学算法的应用可分解为形态学运算和结构元素选择两个基本问题，而结构元素决定着形态学算法的目的和性能。因此，无论是在二值还是灰度图像的形态分析中，结构元素都是一个至关重要的因素。结构元素的形状和大小，直接影响着形态学处理的结果。选择适当的结构元素，有时会起到事半功倍的效果，反之，就不能达到预期处理的效果，甚至会起到反面作用。

形态学运算中的两个操作对象不是对等的，一般设 A 为图像对象，B 为结构元素。结构元素本身也是一个图像集合，尺寸可大可小。对于每个结构元素都需要定义一个原点，作为参与形态学运算的参考点。因此，结构元素的长度和宽度都取奇数。原点可以包含也可以不包含在结构元素中，定义不同运算的结果也常常不同。两种最为常用的结构元素，即 3×3 领域中的方形领域和十字领域，如图 3-1 给出了不同形状的结构元素，并且其原点在方阵的中心。

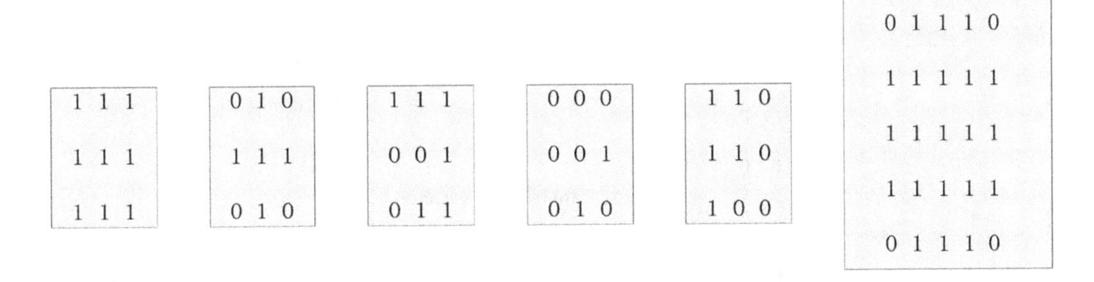

图 3-1　结构元素实例

假设一个矩形图，像受到胡椒状噪声污染（在矩形外），利用圆盘状的结构元素做开运算就可以得到恢复噪声污染的效果。这是因为圆盘不能填入散布在图像背景中的噪声碎片中的缘故。更理想的恢复效果可以通过采用正方形结构元素得到，但是这一方案实用性较差，因为在做滤波之前必须将被噪声干扰的矩形放成水平方位。由于圆盘结构元素具有旋转不变性，采用圆盘滤波，则不受矩形左位的影响，可见，在此情况下，圆盘比方形结构元素更具有适应性。结构元素的尺寸同样起着关键的作用。固定大小的结构元素在滤除噪声时只能除去某一类噪声，而无法除去比它更大的噪声块。这时可以以一个很小的结构元素开始，然后逐渐增大结构元素的尺寸，保证不同大小的噪声块均可以被消除。

通常情况下，形态学图像处理以在图像中移动一个结构元素并进行一种类似于卷积操作的方式进行。结构元素可以具有任意大小，也可以包含任意的0与1的组合。

因此，结构元素选取的不同，将直接导致不同的处理效果。在数学形态学应用于边缘检测的过程中，就存在着结构元素单一的问题，它对与结构元素同方向的边缘敏感，而与其不同方向的边缘（或噪声）会被平滑掉，即边缘的方向可以由结构元素的形状确定。如果采用对称的结构元素（例如尺寸较小的圆盘），虽然有时会起到低通滤波效果，但又会减少图像边缘对方向的敏感性。所以在边缘检测中，可以采用多方位的形态结构元素，运用不同结构元素的逻辑组合检测出不同方向的边缘。此外，利用圆盘结构元素做腐蚀或膨胀可以扩大或缩小图像，调节圆盘的半径则可以控制图像的收缩程度。由此可见，结构元素选取的优劣是形态学分析中的关键一环。

3.1.2 结构元素的分解[54]

对于二维卷积，可以将大的脉冲响应分解成一系列小的成行核，在进行膨胀腐蚀运算时，也可以将比较大的结构元素进行分解，分解后的计算量会减少50%以上，计算效率会提高很多。典型的结构元素分解有如图3-2(a)、图3-2(b)和图3-2(c)所示的三种。

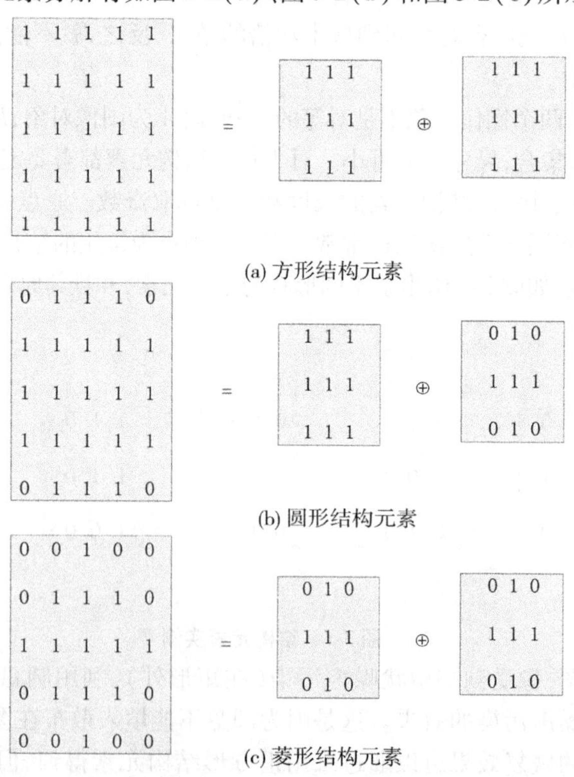

图3-2 结构元素的分解

结构元素的分解意味着用分解前后两种结构元素进行的膨胀、腐蚀操作是等效的。如图 3-2(a)所示,用 5×5 方型结构元素进行的膨胀、腐蚀操作与用 3×3 方形结构元素进行两次操作所得到的结果相同。反过来看,由图 3-2(a)可知,用 3×3 方形邻域结构元素连续做膨胀得到的方形图案。同样,用 3×3 十字邻域结构元素连续做膨胀操作得到菱形图案。两者都使图形产生较大的失真。而由图 3-2(b)可知,若两种结构元素交替使用可得到圆形的图案。图 3-3 分别给出了这 3 种结构元素连续膨胀、腐蚀得到的结果。其中,都是在半径为 50 的圆的基础上用 5×5 邻域的结构元素连续膨胀或腐蚀 8 次,上方为连续腐蚀,下方为连续膨胀。上半图中,大圆与小圆的半径分别为 50 与 34;下半图中,小圆与大圆半径分别为 50 与 66,后者都作为形状比较的基准。显然,圆形结构元素的处理结果失真最小,它是通过交替使用两种不同的 3×3 邻域结构元素实现的。

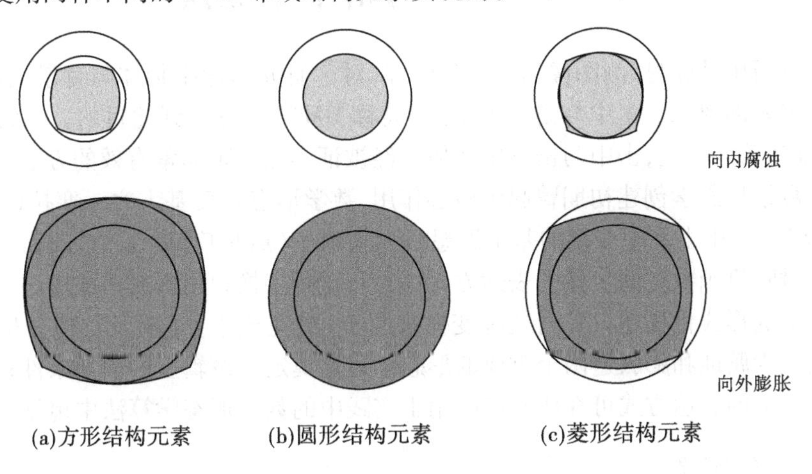

图 3-3　结构元素对膨胀腐蚀结果的影响

3.1.3　结构元素的选取

各种数学形态学算法的应用可分解为形态学运算和结构元素选择两个基本问题,形态学运算的规则已由经定义确定,于是形态学算法的性能就取决于结构元素的选择,亦即结构元素决定着形态学算法的目的和性能。因此,如何自适应地优化确定结构元素,就成为形态学领域中人们长期关注的研究热点和技术难点。下面简单介绍如何选取合适的结构元素。

3.1.3.1　多结构元素运算

在许多形态学应用中,往往只采用一个结构元素,这通常不能产生满意的结果。在模式识别中,如果要提取某个特定的模式,只采用一个结构元素,那么,只有与结构元素形状、大小完全相同的模式才能被提取,而与此结构元素表示的模式即使有微小差别的其他模式的信息都不能获取。

解决此问题的有效方法之一就是将形态学运算与集合运算结合起来,同时采用多个结构元素,分别对图像进行运算,然后将运算后的图像合并起来,即多结构元素形态学运算。

3.1.3.2　用遗传算法选取结构元素

遗传算法的思想来源于自然界物竞天择、优胜劣汰、适者生存的演化规律和生物进化原理,并引用随机统计理论而形成,具有高效并行全局优化搜索能力,能有效地解决机器学习中参数的复杂优化和组合优化等难题。

近年来不少国内外学者已进行了这方面的探索与研究，Ehrgardt 设计了形态滤波的遗传算法[4]，用于二值图像的去噪和根据二值纹理特性消除预定目标；Huttumen 利用遗传算法构造了软式形态滤波器及其参数优化的设计方法[5]，以实现灰度图像的降噪功能。余农、李予蜀等用遗传算法在自然景象的目标检测与提取方面进行了研究[6]，通过自适应优化训练使结构元素具有图像目标的形态结构特征，从而赋予结构元素特定的知识，使形态滤波过程融入特有的智能，以实现对复杂变化的图像具有良好的滤波性能和稳健的适应能力。其实质是解决滤波器设计中知识获取和知识精炼的机器学习问题。

§3.2　击中与击不中变换

在图像分析中，同时探测图像的内部和外部，对于研究图像中物体与背景之间的关系，往往会得到很好的效果。击中与击不中变换（简称 HMT）即可达到此目的。在解决类似于目标识别、细化等问题时，击中与击不中变换已经被证实是一种非常有效的方法。击中与击不中变换在数学形态学创建初期曾起到核心作用，数学形态学奠基人之一塞拉（Serra）在其著作[19]中指出，击中击不中变换的基本思想至少来源于（或拓广到）五个方面。第一，这种变换扩展了对随机函数空间定律的表达方式；第二，这种变换曾用来对格式塔心理学的一些思想做数学上的形式化描述；第三，这种变换来源于（或完成于）试验及纹理分析；第四，击中击不中变换为腐蚀和膨胀这两个重要的形态学运算奠定了逻辑上的前期条件；第五，击中击不中变换简洁的表达方式可在所有已应用于实践中的数学形态学算法中窥见一斑。

3.2.1　HMT 的定义

当利用结构元素腐蚀一幅图像时，腐蚀的过程相当于对可以填入结构元素的位置做标记的过程。虽然标记点取决于原点在结构元素中的相对位置，但输出图像的形态则与此无关。这是因为改变有原点的位置，仅仅会导致输出结果发生平移。同样的结论也适合于腐蚀的对偶运算——膨胀。膨胀是对图像补集做腐蚀运算所得结果的补集。击中与击不中变换（也称塞拉变换）在一次运算中可以捕获到内外标记。击中与击不中变换需要两个结构基元 E 和 F，这两个基元被作为一个结构元素对 $B=(E,F)$，一个探测图像内部，另一个探测图像外部，其定义为：

$$A * B = (A\Theta E) \cap (A^C\Theta F) \tag{3-1}$$

当且仅当 E 平移到某一点进可填入 A 的内部，F 平移到该点时可填入 A 的外部时，该点才在击中与击不中变换的输出中。显然，E 和 F 应当是不相连接的，即 $E \cap F = \Phi$，否则便不可能存在两个结构可同时填入的情况。因为击中与击不中变换是通过将结构元素填入图像及其补集完成运算的，故它通过结构元素对（简称结构对）探测图像和其补集之间的关系。变换过程如图 3-4 所示。

根据腐蚀的定义式，式(3-1)还可以表示为

$$A * B = \{x: E + x \subset A; F + x \subset A^C\} \tag{3-2}$$

如果取 F 为空集，条件 $F+x \subset A^C$ 恒得到满足，则式(3-2)变为

$$A * B = \{x: E + x \subset A\} = A\Theta B \tag{3-3}$$

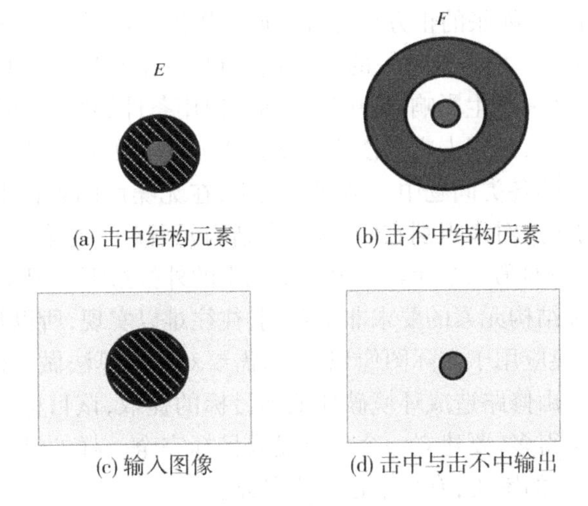

图 3-4　击中与击不中变换

故腐蚀可看作为击中与击不中变换的一个特例。

3.2.2　HMT 的识别过程

击中与击不中变换在数学形态学中是进行形状检测的一种基本工具。利用它可以定位出所要识别物体的准确位置。对给定的图像 A,假定 A 中有包括 X 在内的多个不同物体,运用数学形态学的方法识别 A 物体最简单的方法是建立一个与要识别物体形状一样的结构元素来达到目的,利用这样的结构元素对图像 A 做腐蚀运算得到单一的一个标记点。当结构元素与被标记物体完全吻合时,该点即为结构元素的原点。这种情况下,腐蚀运算实际上完成的是匹配过程。但是在 A 中包含与 X 物体形体极为相似的情况下(如图 3-5 所示,一个为方形,一个为凸起方形),这种方法将会失去原来的作用。这时如果要识别方形物体,采用一个与待识别方形完全一致的结构元素做腐蚀,将得到两个标记位置,一个对应于方形,另一个对应于凸起方形。解决这个问题的正确方法就是利用击中与击不中变换,此时,取一个比 X 稍大的集合 B 作为结构元素且使得 X 不与 B 的边缘相交,令 $E = X$,且 $F = B - X$,使用击中与击不中变换将给出且仅给出所有 A 中与 X 全等的物体的位置,最后得到单一的一个点,该点即为所求方形的中心点,通过迫使 F 填入图像的补集,便可区别方形和带凸起方形。

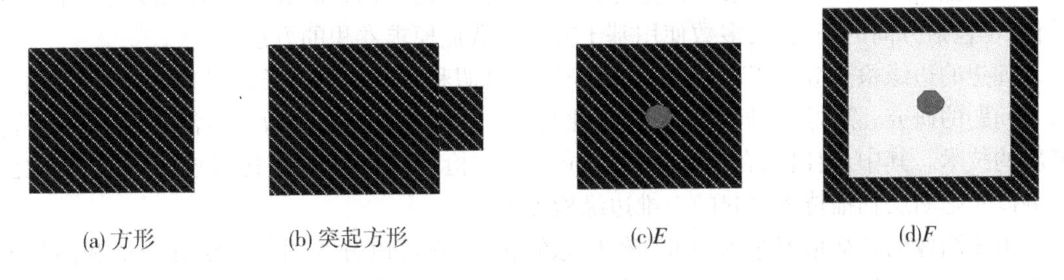

图 3-5　HMT 对方形物体的识别过程

实际情况下,如果图像中包含噪声,使待识别的方形的边界受到噪声干扰,这时 E、F 将不能填入方形内部和它的补集,从而无法完成识别。解决的方法是利用轻度腐蚀的正方形

作为结构元素 E,使用轻度膨胀的正方形外接方形框作为结构元素 F,便可以完成识别噪声正方形的工作,得到的结果并不是单一的一个点,而是一个小区域。只要标记在物体的内部,标记的大小不会对结果产生影响,利用这个标记使用条件膨胀,便可以完成目标重建。

由以上讨论可以看出,利用击中与击不中变换识别物体的原理很简单。这种方法已被应用于机器视觉和识别等各类问题中。从理论上讲,在无噪声的条件下给定 n 个不同的物体,则可利用 n 个结构元素对来识别它们,每一个结构元素对中的第一个元素与所要识别物体的形状一致,结构对中的第二个元素为第一个元素的外接边框。但是不难看出,击中与击不中变换对图像质量和结构元素的要求非常苛刻,往往难以实现,所以与绝大多数识别方法一样,击中与击不中变换应用于实际图像识别时,需要对基本算法做各种改进。

本书着重于研究矿山修路造成环境破坏范围目标的提取,该目标相对于上面提到的方形物体在结构上要复杂得多,要建立一个与所提取目标完全一样的结构元素来达到识别定位的目的,还存在着很大的困难,有待于进一步研究。

§3.3 形态学边缘检测

3.3.1 边缘检测概述

边缘检测是图像处理和计算机视觉中的基本问题,边缘检测的目的是标识数字图像中亮度变化明显的点。图像属性中的显著变化通常反映了属性的重要事件和变化。这些包括:①深度上的不连续;②表面方向不连续;③物质属性变化、场景照明变化。众所周知,图像的边缘是图像最基本的特征。所谓边缘(或边沿),是指其周围像素灰度有阶跃变化或屋顶变化的那些像素集合。边缘广泛存在于物体与背景之间、物体与物体之间、基元与基元之间,是图像分割所依赖的重要特征,也是纹理分析和图像识别的重要基础。因此,边缘检测是图像处理和计算机视觉中,尤其是特征提取中的一个研究领域。

物体的边缘是由灰度不连续性所反映的,它的种类可以分为两种:一种称为阶跃性边缘,它两边的像素的灰度值有着显著的不同;另一种称为屋顶状边缘,它位于灰度值从增加到减少的变化转折点。如果一个像素落在图像中某一个物体的边界上,那么它的邻域将成为一个灰度级的变化带。对这种变化最有用的两个特征是灰度的变化率和方向,它们分别以梯度向量的幅度和方向来表示。边缘检测算子检查每个像素的邻域并对灰度变化率进行量化,也包括方向的确定,大多数使用基于方向导数掩模求卷积的方法。

理想的边缘检测应当正确解决边缘的有无、真假和定向定位。长期以来,人们一直关心这一问题的研究,除常用的局部算子及在此基础上发展起来的种种改进方法外,又提出了许多新的技术。其中,突出的有 LOG 算子、Facet 模型检测边缘、Cnany 边缘检测器、统计滤波检测以及随断层扫描技术兴起的三维边缘检测等。

由于图像的特征指图像场中可用作标志的属性,它可以分为图像的统计特征和图像的视觉特征两类。所以,要做好边缘检测,第一,要弄清楚待检测的图像特性变化的形式,从而使用适应这种变化的检测方法。第二,要知道特性变化总是发生在一定的空间范围内,不能期望用一种检测算子就能最佳检测出发生在图像上的所有特性变化。当需要提取多空间范围内的变化特性时,要考虑多算子的综合应用。第三,要考虑噪声的影响,其中一个办法就是滤除噪声,这有一定的局限性;再就是考虑信号加噪声的条件检测,利用统计信号分析,或通过对图像区域的建模,而进一步使检测参数化。第四,可以考虑各种方法的组合,如先利用 LOG 算子找出边缘,然后在其局部利用函数近似,通过内插等获得高精度定位。第五,在正确检测边缘的基础上,要考虑精确定位的问题。

为了有效抑制噪声,一般首先对原图像进行平滑,再进行边缘检测就能成功地检测到真正的边缘。边缘检测技术中较为成熟的方法是线性滤波器,其中以拉普拉斯 LOG(Laplacian of Guass)算子最为有名,LOG 算子较好地解决了频域最优化和空域最优化之间的矛盾,计算方法也比较简单方便。另外,该算子在过零点检测中具有各向同性特点,保证了边缘的封闭性,符合人眼对自然界中大多数物体的视觉效果;不过 LOG 算子的边缘定位精度较差,而边缘定位精度和边缘的封闭性两者之间无法客观地达到最优化折中。

图像边缘检测大幅度地减少了数据量,并且剔除了可以认为不相关的信息,保留了图像重要的结构属性。它一般和图像预处理技术结合起来使用(它们没有先后之分),使得原目标特征突出,干扰因素变少。边缘检测尽管是一些基本的处理,但这些处理是中高级处理的基础,对提取的后续处理有较大的影响。

3.3.2 经典微分算子

经典的边缘检测算子大多是利用边缘的梯度极值特性(在垂直于边缘方向的强度变化剧烈),检测局部一阶导数最大或二阶导数过零点作为边缘点。一阶微分是图像边缘和线条检测的最基本方法,具有代表意义的有 Roberts 算子、Sobel 算子、Prewitt 算子等。图 3-6 列出了 2×2 模板的 Roberts 算子及 3×3 模板 Sobel 算子和 Prewitt 算子计算 f_x(表示 x 方向的梯度)的算子,如果将它们分别旋转 90°,就可以得到计算 f_y 的算子[55]。

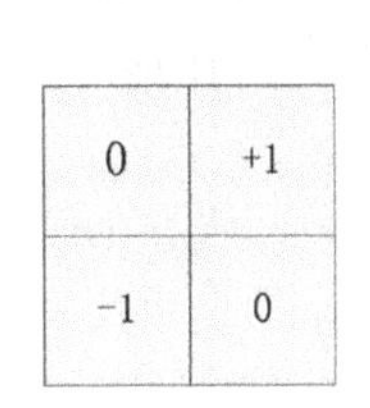

0	+1
-1	0

(a)Roberts 算子

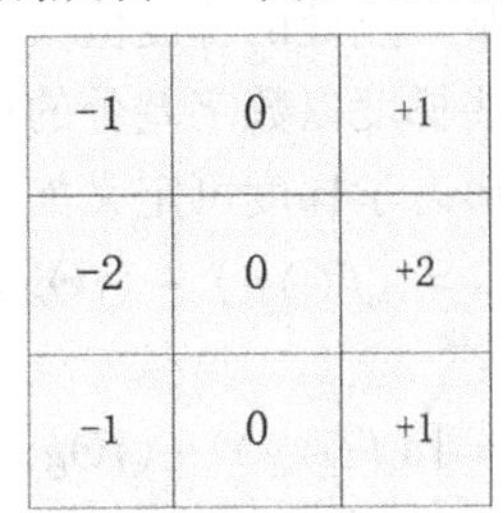

-1	0	+1
-2	0	+2
-1	0	+1

(b)Sobel 算子

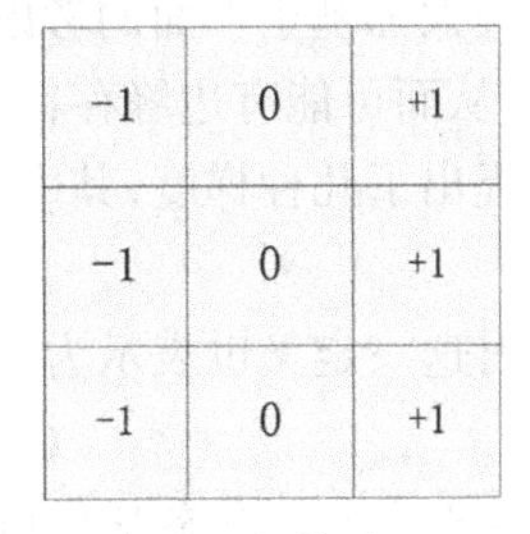

-1	0	+1
-1	0	+1
-1	0	+1

(c)Prewitt 算子

图 3-6 常用的计算 f_x 的算子

由于一阶微分是一种矢量,与标量相比数据存储量大,此外在相等斜率的宽区域上,有可能将全部区域都当作边缘提取出来,所以有必要考虑二阶微分,Laplacian 算子就是一个典型的二阶算子。图 3-7 表示的是其 4 邻域和 8 邻域的无方向性算子。

尽管目前还在研究许多复杂的边缘检测算子,但像 Roberts 算子、Sobel 算子、Prewitt 算子等这类算子因其简单易行仍被广泛采用。

3.3.3 形态学边缘检测算子

对于图像的形状分析和描述是图像处理中较为困难但又非常重要的问题。对视觉系统而言,几何形状是图像的基本内在特性,利用它能够推导出诸如图像边缘等许多其他信息。

0	1	0
1	-4	1
0	1	0

(a)4 邻域

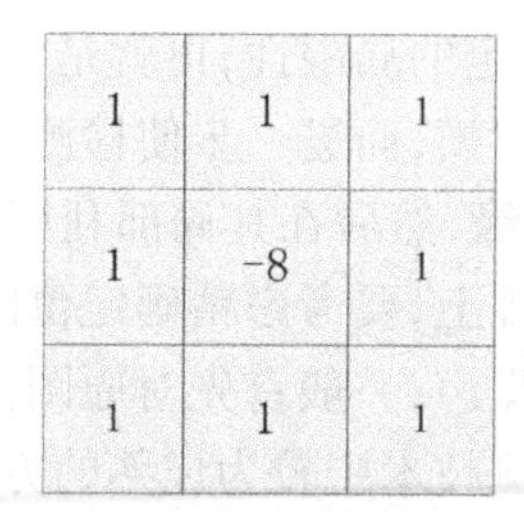

1	1	1
1	-8	1
1	1	1

(b)8 邻域

图 3-7　Laplacian 算子

数学形态学是研究图像整体形状特征的有效方法，它在图像处理中的主要应用包括特征提取、形状表示和形状描述等。

经典的边缘检测方法是考察图像的每个像素在某个邻域内的灰度变化，利用边缘邻近一阶或二阶方向导数变化规律，相对简单地检测出图像的边缘，这种方法称为边缘检测局部算子法。该方法的优点是边缘检测速度快，但得到边缘信息往往是断续的、不完整的结构信息，并且这类方法对噪声较为敏感，通常会加强或放大噪声。

数学形态学作为一种非线性滤波的方法，它可以克服以上的缺陷。在利用数学形态学进行图像处理的过程中，一般选择具有对称性的结构元素进行各种运算，这样不仅可以减少图像边缘对方向的敏感性，很好地保持边缘特征，而且可以起到低通滤波的效果。因此，这种各向同性的边缘检测可以通过形态梯度算子的作用来完成。虽然形态边缘检测器对噪声也比较敏感，但不会加强或放大噪声。

这里主要用到形态学梯度的概念。在边缘检测图像处理中有多种梯度，其边缘检测的基本原理大都基于下面的考虑：如果在某一点处的梯度值大，则表示在该点处图像的明暗变化迅速，从而可能有边缘存在。通常这些梯度以数字差分的形式给出[54]。在形态学图像处理中也提出了几种梯度，其中最基本的形态学梯度可定义如下：

$$GRAD(f)_1 = (f \oplus g) - (f \Theta g) \tag{3-4}$$

有时这一定义也表示为式(3-5)：

$$GRAD\,(f)_1 = [(f \oplus g) - (f \Theta g)]/2 \tag{3-5}$$

图 3-8 给出了形态学梯度的几何描述，其中，g 为以原点为中心的扁平结构元素。从图 3-8中可以看到，梯度与结构元素的大小和形状有关。

图 3-9 表示了梯度运算的作用（B 为扁平结构元素）。因为用扁平结构元素做腐蚀和膨胀可以得到极大极小滤波器的效果，故在每一个点，形态学梯度都可以得到由扁平结构元素（它是一个实数集）所确定的领域上的极大值和极小值的差值[54]。

由形态学的定义式可知，$f \oplus g$ 将目标边缘扩展一个像素宽度，$f \Theta g$ 将目标收缩了一像素的宽度，所以 $GRAD\,(f)_1$ 给出的边界有两个像素宽度。

除上述最基本的形态学梯度以外，较尖锐（细）的边界还可以由以下定义的两个梯度来获得。

$$GRAD\,(f)_2 = (f \oplus g) - f \tag{3-6}$$

$$GRAD\,(f)_3 = f - (f \Theta g) \tag{3-7}$$

很显然，以上两式给出的是只有一个像素宽的边界。$GRAD_1$ 和 $GRAD_2$ 都没有放大噪声，

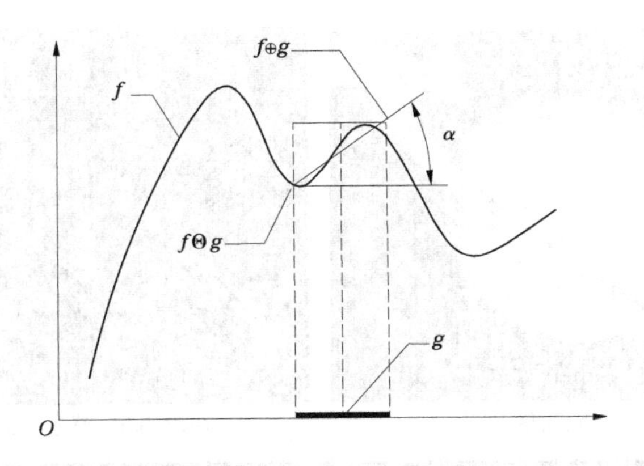

图 3-8　形态学梯度的几何描述

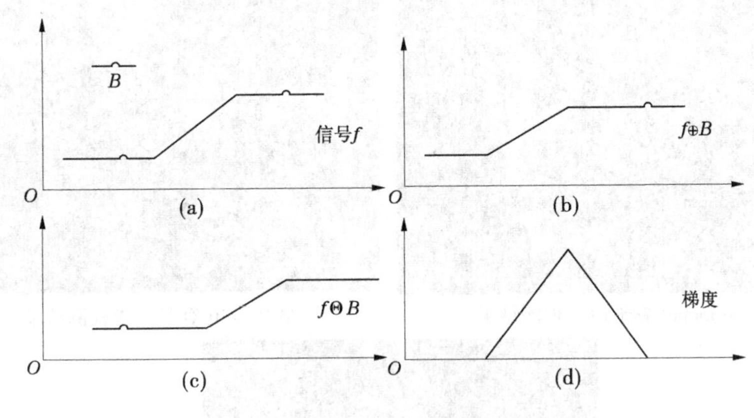

图 3-9　形态学梯度

但本身仍包含不少噪声。下面我们给出另一种形态梯度：

$$GRAD(f)_4 = \min\{[(f \oplus g) - f],[f - (f\Theta g)]\} \tag{3-8}$$

这种梯度对孤立的噪声点不敏感，如果将它用于理想斜面边缘，则检测效果很好。它的缺点是检测不出理想阶梯边缘，但这时可先对图像进行模糊处理，将理想阶梯边缘转化为理想斜面边缘，然后再用式(3-5)进行处理。在选择使用该类梯度时，必须兼顾较大的信噪比和较尖锐的边缘两方面的要求。

以上是最常见的四种形态学梯度。在经典的数字图像处理中，差分技术往往与阈值技术相结合，用于检测图像的边缘。与差分梯度的情况相同，形态学梯度也可以与阈值技术结合使用，完成边缘检测。利用梯度图像的直方图可以确定阈值，阈值处理后的梯度图即为边缘图像[54]。事实也证明，形态梯度是性能优越的边缘检测算子。

3.3.4　试验结果及分析

本节针对经典的边缘检测算子和形态学梯度算子进行了分析比较，具体情况如图 3-10 所示。

基于对角线方向相邻像素的差分来近似图像梯度的 Roberts 边缘检测方法，在检测水平方向和垂直方向方面，特别是具有陡峭的低噪声图像效果比较好，所检测出的边缘定位比较准确，连续性也较好。但是，对有一定倾角的斜边的检测效果不太理想，并且存在较多的边缘被漏检。并且在有噪声干扰的情况下，Roberts 边缘检测方法也不能很好地去除噪声干

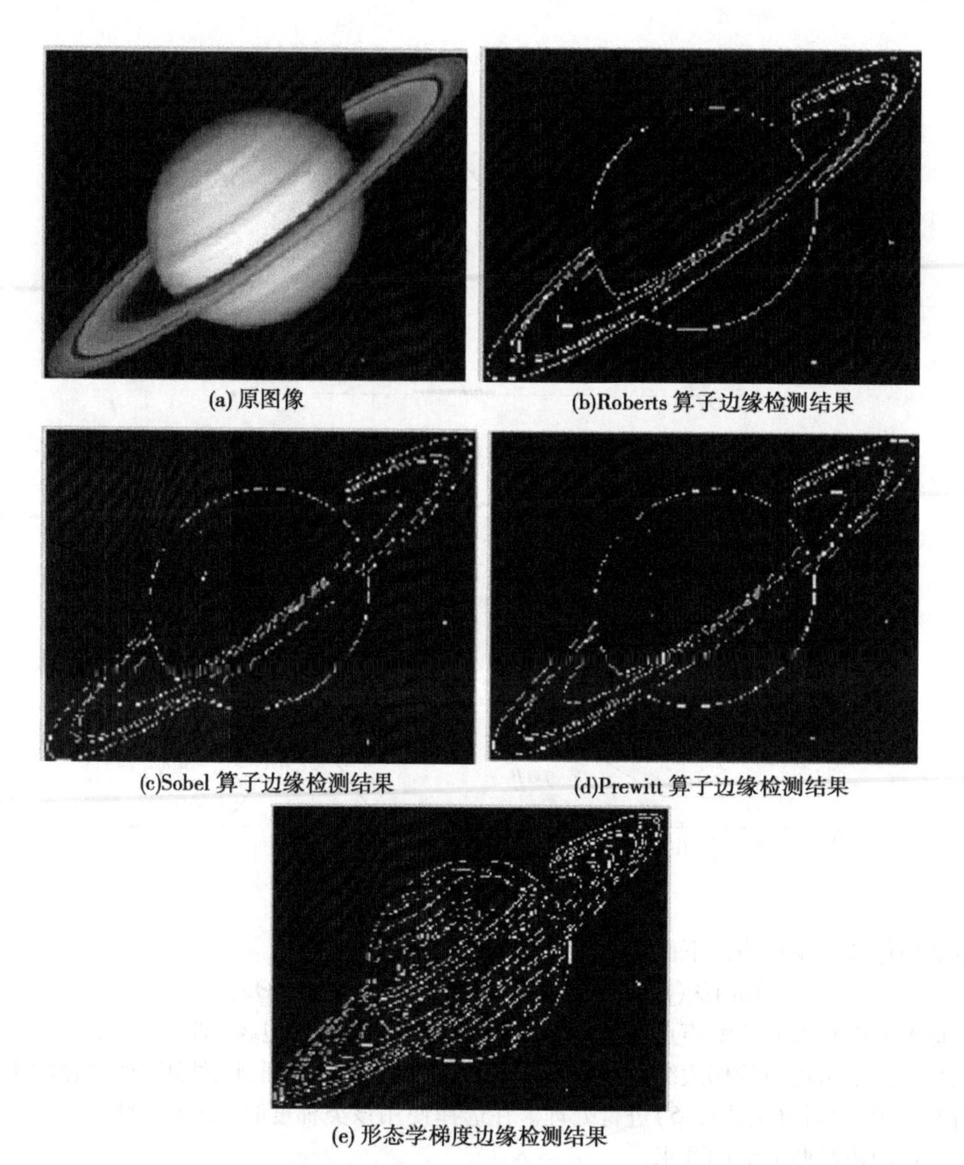

(a) 原图像

(b)Roberts 算子边缘检测结果

(c)Sobel 算子边缘检测结果

(d)Prewitt 算子边缘检测结果

(e) 形态学梯度边缘检测结果

图 3-10　各种边缘检测算子检测结果比较

扰,由图 3-10(b)可看出,检测结果受噪声影响很严重,检测出的边缘伴随着很多的伪边缘,这是 Roberts 算子的主要缺点。

根据灰度函数在边缘点处达到局部极大值这一理论所构造的 Sobel 算子,该算法空间上易于实现,能够提供较为准确的边缘方向信息,对噪声也具有平滑作用,并且有一定的抗噪声能力,特别是使用较大的模板时,其抗噪声性能更好。但是,同时我们看到 Sobel 算子检测出来的效果,图像边缘定位的精度不高,存在较多的漏检和伪边缘,对噪声图像的检测效果更差。并且使用的领域较大时,计算量大,边缘较粗,增加方向的同时计算量也增大。

Prewitt 算子主要是利用对图像上每个像素点的八个方向相邻点的灰度加权差之和来检测边缘,能够较为准确地实现边缘定位,对噪声具有平滑作用,有一定的抗噪能力。但是,同样存在一些漏检和伪边缘,在编程实现时较为烦琐。

在试验过程中，由于提取目标相对背景来说灰度变化比较明显，属于较尖锐的边界，而且所检测的目标大小不一，需要检测出细腻的边缘，所以我们采用了式(3-6)定义的形态学梯度二作为边缘检测的算子。经过多次试验，证明采用 3×3 的模板作为此类目标检测的结构元素最佳，因为它是对称模板，具有各向同性的特点。

从以上试验可以得出结论：形态学边缘检测算子具有很好的适应性，不但能顺利地检测出图像中目标的边缘，而且具有比较强的抗噪声的能力。把这一优点应用到目标提取过程，无疑会收到理想的效果。

§3.4 小　结

本章探讨了数学形态学的一些实用算法，并把这些算法应用到灰度影像目标提取的过程中，得到了一些启发。在数学形态学迅速发展的今天，人们相继研究并探索出了很多形态学的算法，但这些算法的实现离不开一个基本的因素，那就是结构元素的选择。本章首先较详细地介绍了结构元素的定义及其在图像处理中具有的特殊地位，它其实可以看成一般图像处理中的模板，无论进行何种形态运算，选择合适的结构元素都是至关重要的；接着重点阐述了形态学边缘检测算子的基本理论以及其边缘检测在目标提取中的重要性，对形态算子与经典的微分算子进行了比较，并利用 3×3 模板试验了一组数据，从试验得出了不同结果，从而验证了形态学边缘检测算子的优越性。

第4章　矿山环境破坏信息的形态学提取

§4.1　引　言

遥感技术依其平台高度主要可分为航空遥感和航天遥感,前者主要借助飞机或气球获取图像数据,并且以飞机为主;后者则主要借助遥感卫星获取资料。利用航空照片或卫星照片束获取有关信息在国民经济诸多领域起着越来越重要的作用。图像判读(Photo Interpretation)即是从图像数据,尤其是航空图像中提取有用信息,近20年来,图像判读一直是图像解译的一个重要的应用领域[56]。利用计算机参与甚至代替人工进行判读,实现或部分实现自动检测和识别遥感数据中的环境破坏范围边界目标,不仅可以大大减轻工作量,加速判读,而且能够获得较高的精度。

服务于图像判读的图像解译系统要求能识别的典型目标主要有建筑物、飞机、舰船、地面车辆、桥梁以及存储设备等。而对矿山活动所引起信息特征提取还比较少。不同矿山活动留下的地物单元形状、纹理不同,然而,有些矿山活动留下的痕迹较为复杂。例如开采磷矿修建道路造成的环境破坏,不同的区域其破坏程度、层次不同,单纯的人工解译难以对圈定破坏范围内部的纹理信息进行提取。为了更加准确、快速地提取出被破坏的生态景观范围及纹理信息,采用数学形态学的方法自动识别矿山修建道路引起的生态景观破坏。所以,本章基于MATLAB系统平台,采用IKONS高分辨率遥感影像数据,采用多种传统图像处理算法与本文算法进行比较,证实数学形态学方法应用于提取矿山活动信息的可行性。

根据上述研究思路,制定了本章的主要工作流程,见图4-1。

§4.2　图像预处理及目标分割

4.2.1　预处理

遥感图像由于自身的特点,在生成和传输过程中常常会受到各种条件的限制和干扰,使图像质量变差,从而增加后续处理的难度。因此,进行遥感图像分割和特征提取的第一步就是对图像进行预处理。图像预处理是指对处于最低抽象层次的图像进行操作,使其有目的地突出图像的局部特性,提高图像的目视效果,以便有利于更高层次的图像处理,为进一步的图像分析判别做好准备。同时,它不会增加图像的信息。图像预处理的结果将直接影响图像分割和目标识别的效果。本章结合对高分辨率遥感图像的图像质量要求,从噪声去除方面出发,通过具体试验,判断预处理过程中,各类影像去噪及增强方法的优缺点,并选择出符合本试验要求精度的预处理方法。

4.2.1.1　图像噪声的产生原因

遥感图像由于受成像传感器的噪声、相片颗粒噪声、图像在传输过程中的通道传输误差

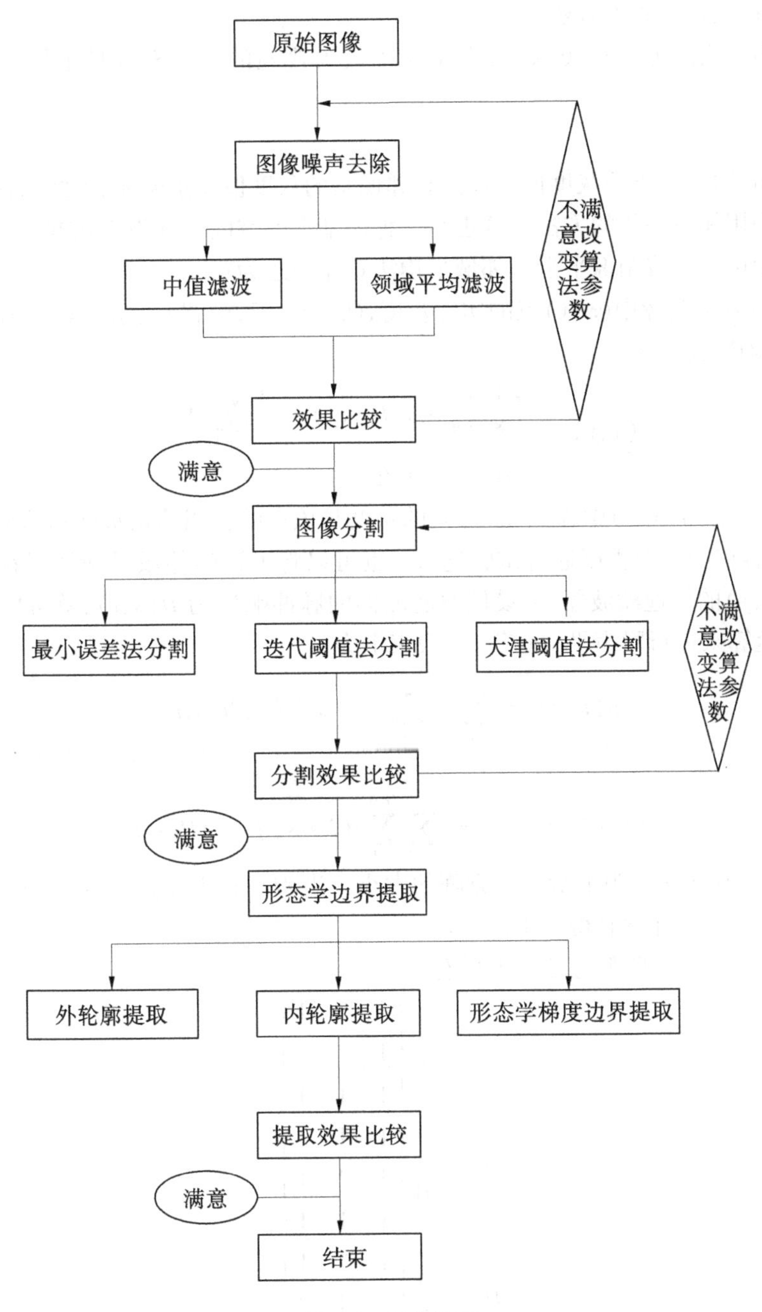

图 4-1　工作流程

以及各种辐射源的干扰，会使图像中原本连续和均匀变化的灰度突然变大或变小，这样表现在图像上就是出现一些随机的、离散的和孤立的像素点，众多像素点连接在一起也可能形成一些虚假的边缘或者轮廓，这些像素点及产生的虚假轮廓或者边缘，称为图像噪声。图像噪声在视觉上通常与周围的像素明显不同，表现形式为图像上不同于周围环境灰度的像素点。图像噪声的存在直接影响了图像的视觉效果，同时也增加了后续处理工作的难度，必须去除。根据图像噪声的产生特点可以采取几种不同方法进行噪声去除处理。

4.2.1.2 图像噪声的去除方法

图像噪声的去除方法种类众多,但是应用最为普遍的主要有邻域平均法和中值滤波法[57]两种。

1. 邻域平均法

前面指出,图像噪声的灰度值与周围相邻像素的灰度值差别明显,因此消除噪声最直接的方法就是采用邻域平均的方法。这也是一种最基本的空间域噪声消除方法。有的研究中也把它称为噪声平滑或图像平滑。邻域平均法具体描述为:

设$f(x,y)$表示图像中(x,y)点的实际灰度,$O_i(i=1,2,\cdots,8)$表示$f(x,y)$各相邻点的灰度,则邻域平均法表示为

$$g(x,y) = \begin{cases} \frac{1}{8}\sum_{i=1}^{8} O_i, & \left| f(x,y) - \frac{1}{8}\sum_{i=1}^{8} O_i \right| > \varepsilon \\ f(x,y), & \text{其他} \end{cases} \tag{4-1}$$

其中,ε是图像$f(x,y)$中在点(x,y)处的灰度与该点的各相邻点灰度和的平均值的误差门限,可根据容许的误差程度通过试验选取。也可以将上述的邻域平均处理看作是一个作用于图像$f(x,y)$的低通滤波器,并设低通滤波器的脉冲响应为$H(s,t)$,就可以用离散卷积形式的模板运算来进行噪声平滑运算,一般表示为

$$g(i,j) = \sum_{s=-k}^{k} \sum_{t=-l}^{l} f(i+s,j+t)H(s,t) \tag{4-2}$$

或者

$$g(i+1,j+1) = \sum_{s=0}^{M-1} \sum_{t=0}^{M-1} f(i+s,j+t)H(s,t) \tag{4-3}$$

在式(4-3)中,$M*N$为平滑算子方阵的大小。当$M=3$且$i,j=0,1,2,\cdots,N-3$时,图像中最外一周的像素并没有得到平滑处理。

典型的图像噪声消除低通滤波模板有

$$H_1 = \frac{1}{9}\begin{bmatrix} 1 & 1 & 1 \\ 1 & 1 & 1 \\ 1 & 1 & 1 \end{bmatrix} \tag{4-4}$$

$$H_2 = \frac{1}{10}\begin{bmatrix} 1 & 1 & 1 \\ 1 & 2 & 1 \\ 1 & 1 & 1 \end{bmatrix} \tag{4-5}$$

$$H_3 = \frac{1}{16}\begin{bmatrix} 1 & 2 & 1 \\ 2 & 4 & 2 \\ 1 & 2 & 1 \end{bmatrix} \tag{4-6}$$

在这些模板中,H_2和H_3增加了在模板中心像素或4邻域像素的重要性,可以更好地近似具有高斯概率分布的噪声特性[63]。

需要指出:上面列出的均为3×3的模板。在空间域中,图像噪声去除的效果与模板大小的选择密切相关,模板尺寸越大,去除噪声的效果越明显,但平滑后的图像也越模糊。所以,要兼顾到后续的环境破坏目标图像分割和特征提取工作,模板尺寸的选择是一个重要的问题。对于不同的遥感图像,要分析目标在图像中的实际特点和图像本身的噪声情况来确

定模板的尺寸。因为既要达到良好去噪效果，又不能将目标的细部特征和轮廓变得模糊不清，是低通滤波的一个技术难点。

2. 中值滤波法

前面提到，利用邻域平均方法进行图像噪声的消除，会使图像中某些形状的边缘和细节变得模糊，这是我们在研究过程中需要避免的。中值滤波就是一种能够弥补邻域平均方法不足的图像噪声去除方法。中值滤波是一种非线性的信号处理方法，因此中值滤波器也就是一种非线性的滤波器。中值滤波器最先被应用于一维信号的处理中，后来被人们引用到二维图像的处理中来。中值滤波可以在一定程度上克服线性滤波所带来的图像细节模糊，而且它对滤除脉冲干扰和图像扫描噪声非常有效。

中值滤波的基本思想是对一个窗口内的所有像素的灰度进行排序，取排序结果的中间值作为原窗口中心点处像素的灰度值。通常选用的窗口有线形、十字形、方形、菱形和圆形。利用选定的窗口进行中值滤波的过程与模板匹配运算中算子在图像上移动扫描的方法类似，其具体过程可描述如下：

(1)根据选定窗口的形状，确定窗口中心位置像素在原图像上的重合方式。

(2)将窗口在图像上逐像素地移动扫描。

(3)把窗口下对应点的像素按它们的灰度值大小进行排序，并找出排序结果的中间值。

(4)把找到的中间值赋给结果图像中所对应于窗口中心位置的那个像素。

中值滤波在实际应用中可以有三种实现方法。最简单的就是一次性的利用某一种滤波器(窗口)进行滤波；另一种实现方法是先使用小尺寸的窗口进行滤波，然后使用较大尺寸的窗口进行滤波；第三种方法是先使用一维滤波器，然后使用二维滤波器。

中值滤波法的优点是运算简单，噪声去除效果明显，并且中值滤波器很容易自适应化，从而可以进一步提高其滤波特性。中值滤波的关键在于选择合适的窗口大小，由于中值滤波过程中每一次计算都要对窗口内的像素进行排序，所以窗口的大小直接决定了噪声去除过程的速度，影响算法的可用性，因此窗口大小的选择必须兼顾噪声去除的效果和速度。接下来通过试验，选择合适的遥感图像噪声去除方法。

3. 遥感图像噪声去除试验

取有噪声污染的原始图像，利用各种方法进行噪声去除的效果测试，效果如图 4-2 所示。

从图 4-2 中得到的利用灰度平均方法和中值滤波方法对遥感图像中噪声去除效果比较，可以看出邻域平均法削弱了图像中某些形状的边缘，使图像变得看上去有些模糊；而中值滤波法在滤出噪声的同时很好地保护了信号的细节信息，较好地保留了图像的边缘，图像中各个图形轮廓也比较清晰。试验证明中值滤波对于消除图像中的随机噪声和椒盐噪声非常有效。在本书中，对圈定矿山修路所引起生态环境破坏的范围目标所在的遥感图像的预处理中，噪声去除方法就选择中值滤波法。

4.2.2 图像分割

4.2.2.1 图像分割技术概述

1. 图像分割的定义

所谓图像分割，是指根据灰度、彩色、空间纹理、几何形状等特征把图像划分成若干个互

(a) 原始影像

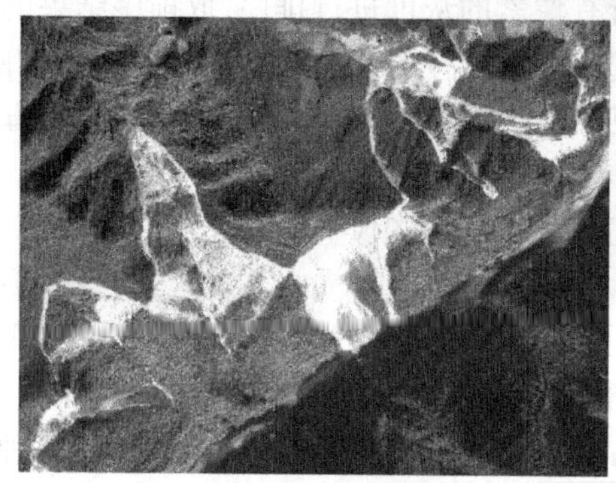

(b) 灰度平均法去噪效果

(c) 中值滤波法去噪效果

图 4-2　灰度平均法和中值滤波法去噪效果

不相交的区域,使得这些特征在同一区域内,表现出一致性或相似性,而在不同区域间表现出明显的不同。简单地讲,就是在一幅图像中,把目标从背景中分离出来,以便于进一步处理。图像分割是图像处理与计算机视觉领域低层次视觉中最为基础和重要的领域之一,它是对图像进行视觉分析和模式识别的基本前提。

在分析和研究图像的过程中,研究者要对图像中的部分信息进行提取。一般来说,要提取的部分都对应着图像中某些具有独特性质的区域。例如在本书中,最终目的是将矿山环境中因修路所造成的生态环境破坏的范围在植被背景中分割并提取出来。要实现这个最终目的,就必须将破坏范围目标区域与整幅图像分离,这样才有可能对目标进一步分析和处理。所以,图像分割就是指把图像分为各具特性的区域并进行提取的技术和过程。

人们对图像分割的定义提出了许多不同的表述,学界一致认为严谨的图像分割的定义是借助集合概念可给出的[59]。

令集合 R 代表整个图像区域,对 R 的分割可看作将 R 分成 N 个满足以下五个条件的非空子集(子区域) $R_1, R_2, \cdots, R_N$:

(1) $\bigcup_{i=1}^{N} R_i = R$。

(2)对所有的 i 和 j,有 $R_i \cap R_j = \phi$。

(3)对 $i=1,2,\cdots,N$,有 $P(R_i) = TRUE$。

(4)对 $i \neq j$,有 $P(R_i \cup R_j) = FALSE$。

(5)对 $i=1,2,\cdots,N$,有 R_i 是连通的区域。

其中，$P(R_i)$是对所有在集合R_i中元素的逻辑谓词，ϕ代表空集。

在这组对图像分割的定义中，每个条件都对分割各方面进行了严格的界定：条件(1)指出，进行图像分割，分割后图像的全部子区域的总和（并集）应为原来的整个图像，或者说分割应将图像中的每个像素都分进某个子区域中，没有剩余；条件(2)指出，在分割结果中各个子区域交集为空集，或者说在分割结果中一个像素不能同时属于两个区域；条件(3)指出，在分割结果中每个子区域都具有特性，或者说属于同一个区域中的像素应该具有某些相同特性；条件(4)指出，在分割结果中，不同的子区域的特性是完全不同的，没有公共元素，或者说属于不同区域的像素应该具有一些不同的特性；条件(5)要求分割结果中同一个子区域内的像素应当是连通的，或者说分割得到的区域是一个连通组元。

另外，这些条件不仅定义了图像分割，也对进行图像分割有指导作用。图像的分割总是根据一些分割准则进行的。条件(1)与条件(2)说明正确的分割准则应可适用于所有区域和所有像素，而条件(1)与条件(4)说明合理的分割准则应能帮助确定各区域像素有代表性的特征，条件(5)说明完整的分割准则应直接或间接地对区域内像素的连通性有一定的要求或限定。

最后需要指出，实际应用中图像分割不仅要把一幅图像分成满足上面五个条件的各具特性的区域，而且需要把其中感兴趣的目标区域提取出来，只有这样才算真正完成了图像分割的任务。所以，一个完整的图像分割过程包括对分割结果的提取过程。在本书中，被破坏的生态环境范围目标的提取问题将在第5章进行具体研究。

2. 图像分割的主要方法

目前，对图像分割方法的研究有很多，图像分割主要的方法有：基于边缘检测的分割方法、基于阈值的分割方法、基于跟踪的图像分割方法，以及基于区域的图像分割方法[57]。下面简单介绍一下各种方法的基本思想。

(1)基于边缘检测的图像分割。基本思想是利用图像灰度级的不连续性，在区域边缘上像素灰度值变换比较剧烈的像素，通过检测不同均匀区域之间的像素灰度差来确定区域边界，从而实现对图像的分割。具体的分割过程又分为串行边缘检测分割和并行边缘检测分割。通常的边缘检测分割是调用各种算子进行的，这些算子包括 Roberts 算子、Laplacian 算子、Sobel 算子、Prewitt 算子、Karsh 算子、Wallis 算子、LOG 算子、Canny 算子等。边缘检测分割方法应用广泛，但存在共同的缺点，那就是：不能得到连续的单像素边缘，通常在进行上述边缘检测之后，需要进行一些边缘修正工作，如边缘连通、去除毛刺和虚假边缘。这是由于边缘检测分割方法在进行分割时只利用了局部信息而忽视了全局信息，导致分割效果有时候不准确。

(2)基于阈值的图像分割。阈值分割就是简单地用一个或几个阈值将图像的灰度直方图分成几类，并假设图像中同一个灰度类内的像素属于同一个区域，从而通过灰度类的区分完成图像中区域的分割。实际应用中阈值分割的方法主要适用于目标与背景有较大的灰度差异的图像分割问题。本书的研究对象，是被破坏的植被环境与未破坏的植被背景组成的遥感图像，恰好符合目标与背景的关系，非常适合阈值分割的方法，因此本书主要研究通过阈值分割方法进行环境破坏目标分割的技术。

(3)基于跟踪的图像分割。基于跟踪的图像分割方法是先通过对图像上的点的简便运算，来检测出可能存在的物体上的点。然后在检测点的基础上，通过跟踪运算来检测物体的边缘轮廓的一种图像分割方法。这种方法的特点是跟踪计算不需要在每个图像点上进行，只需要在已检测到的点和正在跟踪的物体的边缘轮廓延伸点上进行即可。基于跟踪的图像分割的基本方法包括轮廓跟踪法和光栅跟踪法。

（4）基于区域的图像分割方法。基于区域的图像分割方法是根据图像的灰度、纹理、颜色和图像像素统计特征的均匀性等图像空间的局部特征，把图像中的像素划归到各个区域中，进而将图像分割成若干个不同区域的一种分割方法。典型的区域分割方法包括区域生长法、分裂合并法等。

总的来说，图像分割的各种方法都是基于图像中相邻像素的两个性质：不连续性和相似性[30]。分割区域的内部像素一般具有某种相似性，而在各区域之间的边界上一般具有某种不连续性。所以，分割算法可分为利用区域间不连续性的基于边界的算法和利用区域内相似性的基于区域的算法两种。

3. 图像分割的评价

目前，已经有大量关于图像分割方法的研究，但尚无一种适合于所有图像的通用的分割方法。要选用一种合适的分割算法，必须明确图像分割的评判标准。事实上，分割算法的性能评价对许多图像技术都是很重要的[31]。通常，图像分割评价可以分为两种情况：性能刻画和性能比较。具体来说，性能刻画是对同种算法通过选择算法参数来评价其在不同图像中的效果；性能比较是比较不同算法在分割某一特定图像时的效果，最终帮助使用者在具体分割应用中选取合适的算法或改进已有的算法。

性能刻画和性能比较在内容上是相互关联的，性能刻画能使对算法功能的描述更加全面，性能比较能使对算法功能的描述更有目的性。为完成图像分割效果的评价，对评价的基本要求主要有：

（1）应采用定量的和客观的性能评价准则，这样可以精确描述算法的性能。

（2）应选取通用的图像进行试验，以使评价结果具有可比性和可移植性。同时，这些图像应尽可能反映客观世界的真实情况和实际应用领域的共同特点。

本书中，对图像分割效果的评价除满足上述两个基本要求外，还要以分割后能够保持目标区域的完整性为依据，因为本书最终的目的是在遥感图像中分割并提取植被背景下的生态环境破坏目标，因此图像分割效果和提取所得目标区域的完整性就是评价本书图像分割方法好坏的最主要依据。

4.2.2.2 基于阈值的图像分割方法

1. 阈值分割方法的原理

图像阈值化分割是一种最常用，同时也是最简单的图像分割方法，它特别适用于目标和背景占据不同灰度级范围的图像。它不仅可以极大地压缩数据量，而且大大简化了分析和处理的步骤，因此在很多情况下，是进行图像分析、特征提取与模式识别之前的必要的图像预处理过程。

对于阈值分割方法，前人提出了大量的具体方法。简单地说，对灰度图像的阈值分割就是首先确定一个处于图像灰度值范围中的灰度阈值，然后将图像中各像素的灰度值与这个阈值相比较，并根据比较结果将对应的像素分割为两类，即灰度值大于阈值的一类和小于阈值的一类（等于阈值的可以归入两类之一）。这两类像素分属图像中两个区域，最终根据阈值的分类达到图像区域分割的目的。阈值分割的两个步骤包括：

（1）确定需要的分割阈值。

(2)将分割阈值与像素比较划分区域。

在这两个步骤中,确定阈值是分割的关键,将阈值与像素值比较来划分像素区域,可以对各像素同时进行分割,分割的结果直接给出图像区域。

利用阈值方法分割灰度图像一般都是基于一定的图像模型。最常用的模型可描述如下[32]:假设图像是由具有单峰灰度分布的目标和背景组成,处于目标与背景内部相邻像素间的灰度值是相近的,而处于目标与背景交界处的像素灰度值差别较大。如果一幅图像满足这些条件,它的灰度直方图分布基本上可看作是分别对应目标和背景的两个单峰直方图混合构成的。如果这两个分布大小(数量)接近且均值相距足够远,而且两部分的均方差也足够小,则直方图应为较明显的双峰。类似的,如果图像中有多个单峰灰度分布的目标,则直方图有可能表现为较明显的多峰。对这类图像都可用阈值分割较好地完成。要把图像中各灰度的像素分为两个不同的类时,需要确定一个合适的阈值。同理,要把图像中各种灰度的像素分为多个不同的类,则需要选择一系列的阈值,将每个像素分到合适的类别中去。只用一个阈值分割称为单阈值分割方法,用多个阈值分割称为多阈值分割方法。单阈值分割可以看成是多阈值分割的特例,许多单阈值分割算法可推广进行多阈值分割[63]。反之,有时也可将多阈值分割问题转化为一系列单阈值分割问题来解决[64]。不管用何种方法选取阈值,原始图像$f(x,y)$取单阈值T分割后的图像可定义为

$$g(x,y) = \begin{cases} 1, f(x,y) > T \\ 0, f(x,y) \leqslant T \end{cases} \tag{4-7}$$

这样得到的$g(x,y)$是一幅二值图像,它相当于把原始图像$f(x,y)$用空间占有数组来进行表达。

一般的多个阈值分割情况下,取阈值分割后的图像可表示为

$$g(x,y) = k, T_{k-1} < f(x,y) \leqslant T_k, k = 0,1,2,\cdots,k \tag{4-8}$$

其中$T_0, T_1, \cdots, T_k$是一系列分割阈值,k表示赋予分割后图像各区域的不同标号。

需要指出,无论是单阈值分割还是多阈值分割,分割结果都有可能出现不同区域具有相同标号的情况。这是因为取阈值分割时只考虑到像素本身的值,而未考虑像素的空间位置。所以根据像素灰度值划分到同一类的像素有可能分属于图像中不相连通的区域。这时往往需要借助于一些对场景的先验知识来进一步确定目标区域。

2. 最小误差法确定最佳阈值的分割技术

如果原始图像中目标和背景的灰度值有部分交错,在这种情况下,用一个全局阈值进行图像分割一定会产生误差。这样我们就希望采用尽可能减小分割误差概率的方法,选取最优阈值。这种方法通常被称为最小误差法。

在这里直方图可以近似看成是像素灰度值的概率密度分布函数,设一幅图像包括两类主要的灰度值区域(目标和背景),目标占灰度值图像总像素点的百分数为v,背景占图像总像素点的百分数为$1-v$,假设目标和背景的灰度级概率分布密度均具有近似正态概率分布密度,目标的概率密度为$p(t)$,平均灰度值为μ_1,方差为σ_1^2,背景的概率密度为$q(t)$,均值为μ_2,方差为σ_2^2:

则有

$$p(t) = \frac{1}{\sqrt{2\pi\sigma_1}}\exp\left[-\frac{(t-\mu_1)^2}{2\sigma_1^2}\right] \tag{4-9}$$

$$q(t) = \frac{1}{\sqrt{2\pi\sigma_2}}\exp\left[-\frac{(t-\mu_2)^2}{2\sigma_2^2}\right] \tag{4-10}$$

如图4-3所示,假设$\mu_1 < \mu_2$,需要确定一个阈值T,使得灰度值小于T的像素分割为背景,而使得灰度值大于T的像素分割为目标。这时错误地将目标像素划分为背景的概率和将背景像素错误地划分为目标的概率分别是:

$$E_1(T) = \int_{-\infty}^{T} p(z)\,\mathrm{d}z \tag{4-11}$$

$$E_2(T) = \int_{T}^{+\infty} q(z)\,\mathrm{d}z \tag{4-12}$$

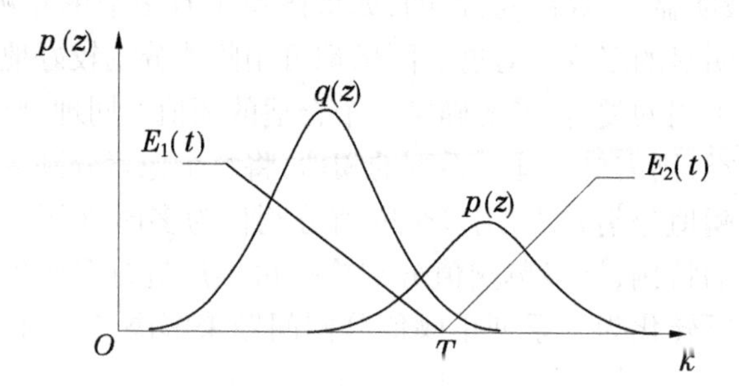

图4-3 图像的背景和目标的概率密度分布图

则总的误分概率为目标误分概率和背景误分概率之和,即

$$E(T) = vE_2(T) + (1-v)E_1(T) \tag{4-13}$$

为求得使该误差最小的阈值,可将$E(T)$对T求导并令导数为零,这样得到:

$$(1-v)q(T) = vp(T) \tag{4-14}$$

综合式(4-9)~式(4-14)可得:

$$\frac{v}{\sqrt{2\pi\sigma_1}}\exp\left[-\frac{(T-\mu_1)^2}{2\sigma_1^2}\right] = \frac{1-v}{\sqrt{2\pi\sigma_2}}\exp\left[-\frac{(T-\mu_2)^2}{2\sigma_2^2}\right] \tag{4-15}$$

整理得

$$\ln\frac{v\sigma_2}{(1-v)\sigma_1}2\sigma_1^2\sigma_2^2 = \sigma_2^2(t-\mu_1)^2 - \sigma_1^2(t-\mu_2)^2 \tag{4-16}$$

若上式中各变量均为已知,可得出阈值$t=T$。

(1)当$v=1/2$,$\sigma_1=\sigma_2$,即目标和背景各占图像一半像素点,且具有相同的概率分布密度时,最佳阈值为

$$T = \frac{\mu_1+\mu_2}{2} \tag{4-17}$$

(2)当v为任意常数,$\sigma_1 \neq \sigma_2$时,求得阈值T为

$$T = \frac{\mu_1+\mu_2}{2} + \frac{\sigma_1^2}{\mu_2-\mu_1}\ln\frac{v}{1-v} \tag{4-18}$$

下面利用最小误差法取阈值对试验图像中所提取的目标进行分割,在确定目标和背景方差和均值等参数时,根据以上理论,经过多次计算试验比较,将背景均值设为80,方差为3.0,目标均值为51,方差为4.2。效果如图4-4所示。

从时间开销和分割效果来看,该算法计算所消耗的时间仅小于1 s,速度较快。但是,从

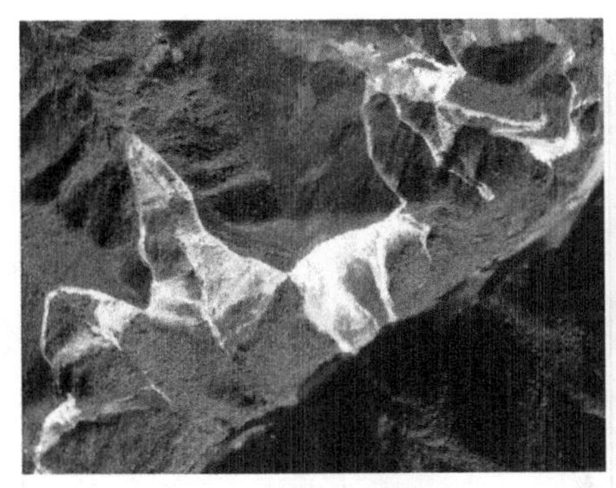

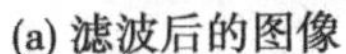

(a) 滤波后的图像

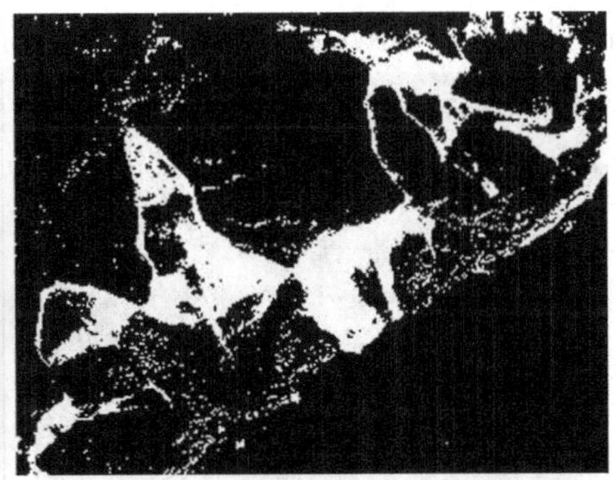

(b) 最小误差（最佳阈值）法分割后的图像

图 4-4　最小误差法分割效果

图像分割质量来看，分割结果过于粗糙，边界模糊不清且带有毛刺和伪边缘，因此不能满足我们对圈定被破坏生态范围目标精确分割的需求。

3. 迭代阈值法分割技术

阈值的确定也可以通过迭代计算得到，这里介绍一种迭代阈值分割方法，首先，取灰度范围的中值作为初始阈值 T_0（设共有 L 个灰度），然后按下式进行迭代：

$$T_{l+1} = \frac{1}{2}\left\{\frac{\sum_{k=0}^{T_l} h_k k}{\sum_{k=0}^{T_l} h_k} + \frac{\sum_{k=T_{l+1}}^{L-1} h_k k}{\sum_{k=T_{l+1}}^{L-1} h_k}\right\} \tag{4-19}$$

其中，h_k 是灰度为 k 值的像素个数，迭代一直进行到 $T_{l+1} = T_l$ 结束，取结束时的 T_l 为分割阈值。

迭代阈值分割算法可用如图 4-5 所示流程实现，首先根据开关函数将输入图像每个像素分为背景和前景，在第一遍对图像扫描结束后，平均两个积分器的值确定一个阈值。用这个刚确定的阈值控制开关再次将输入图像分为背景和前景，并用作新的开关函数。如此将迭代反复进行直到开关函数不再发生变化，此时得到的背景和前景即为最终分割结果。

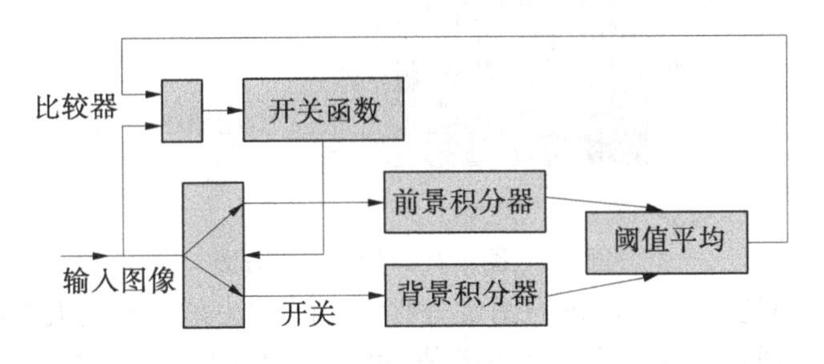

图 4-5　迭代阈值法流程

理论上讲，这种方法得到的阈值处在与两个灰度区域的重心成反比的位置，所以从路径规划的角度看，这种方法确定的阈值是一种最优阈值。

当然，在对直方图进行迭代处理之前，通常需要对直方图进行平滑处理，以防止原始图像直方图双峰本身沟鸿过多，打乱了迭代处理的数据位置走向，使迭代次数难以确定甚至造成死循环，从而影响了计算的正确度，并且有可能会增加计算量。

下面利用迭代阈值法对试验图像中的目标进行分割。效果如图 4-6 所示。

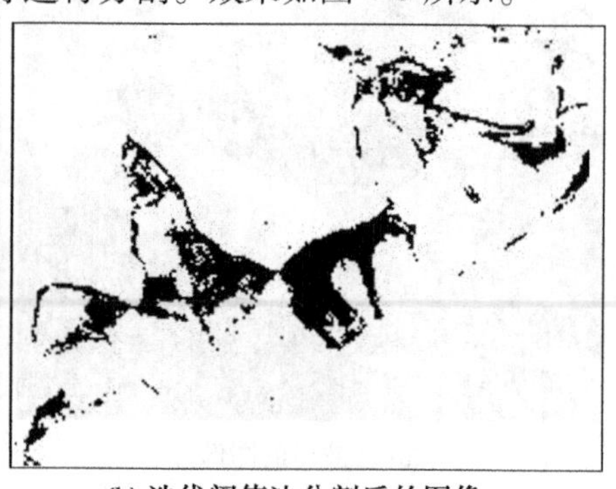

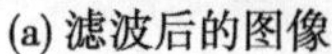

(a) 滤波后的图像　　　(b) 迭代阈值法分割后的图像

图 4-6　迭代阈值法分割效果

从时间开销和分割效果来看，该算法计算所消耗的时间为 7 s 左右，速度较慢，但是图像分割效果与最小误差法分割效果比较有所提高，但分割后的目标影像的边界仍然不够圆滑、清晰。因此，也不能满足我们对圈定被破坏生态范围目标精确分割的需求。

4. 大津阈值法分割技术

对于本书所处理的遥感影像，所要提取目标区域虽然在图像中表现为高灰度区域，并且与背景有较强的对比度，但由于提取目标范围较小，在整个图像中所占的空间比例小，直方图因为目标像素远小于背景像素而没有明显的双峰（见图 4-7），所以用直方图技术得不到满意的效果，固定的阈值更不能解决实际问题。

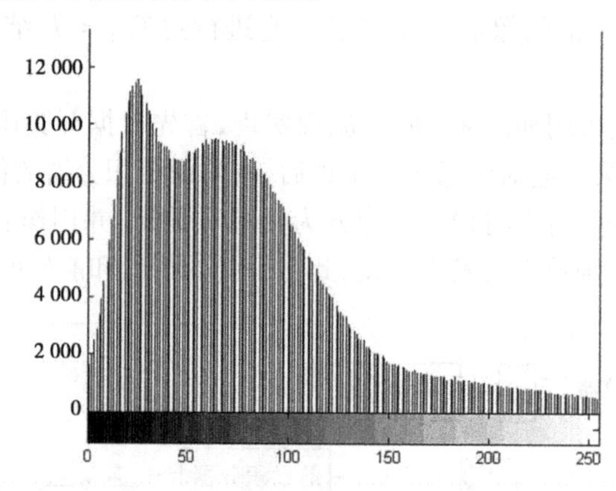

图 4-7　图 4-2(a) 的灰度直方图

所以本书采用的是 Ostu 方法进行图像分割。Ostu 方法是一种最大类间方差方法，能够自动获取阈值，它是通过寻找一个最大方差值，来把图像分割成两部分。因为方差是图像灰度分布均匀性的一种度量，方差值越大，说明构成图像的两部分差别越大，当部分目标被错分为背景和部分背景被错分为目标时，都会导致两部分差别变小。类间方差最大的分割就意味错分概率最小，这也是 Ostu 方法的真正含义。由于该方法是由日本学者大津展之于 1980 提出的，所以也叫大津阈值分割法。但是，当图像中目标与背景的大小之比非常小时，该方法失效。

大津阈值分割法的基本原理：把图像直方图用某一灰度值分割成两组，当被分割成的两组间方差最大时,此灰度值就可以作为图像二值化处理时的阈值,其主要依据是概率统计与最小二乘原理,该方法基于整幅图像的统计特性,可实现阈值的自动选取,对图像二值化处理效果比较好,并且被诸多学者承认。因此,在实际中的应用范围较大。

设一帧图像分为 $1-m$ 级,灰度值 i 的像素数为 n,则总像素数 $N=\sum_{i=1}^{ni} n_i$,各像素值概率 $p_i=n_i/N$,然后用一整数 k 将其分为两组 $C_0=\{1,2,\cdots,K\}$,$C_1=\{K+1,K+2,\cdots,m\}$,则 C_0 产生的概率 $\omega_0=\sum_{i=1}^{k} p_i=\omega(k)$,均值 $\mu_0=\sum_{i=1}^{k} ip_i/\omega_0=\mu(k)/\omega(k)$,$C_1$ 产生的概率 $\omega_1=\sum_{i=k+1}^{m} p_i=1-\omega(k)$,均值 $\mu_1=\sum_{i=k+1}^{m} ip_i/\omega_1=[\mu-\mu(k)]/[1-\omega\{k\}]$,其中 $\mu=\sum_{i=1}^{m} ip_i$ 是整体图像灰度的统计均值,则 $\mu=\omega_0\mu_0+\omega_1\mu_1$,于是方差 $\sigma^2=\omega_0(\mu_0-\mu)^2+\omega_1(\mu_1-\mu)^2=\omega_0\omega_1(\mu_1-\mu_0)^2$。

从 $1,2,\cdots,m$ 之间改变 K,求使得方差最大值的 K,即 $\max\sigma^2(k)$ 时的 K 值为最佳阈值。

图 4-8 是大津阈值分割算法的流程。

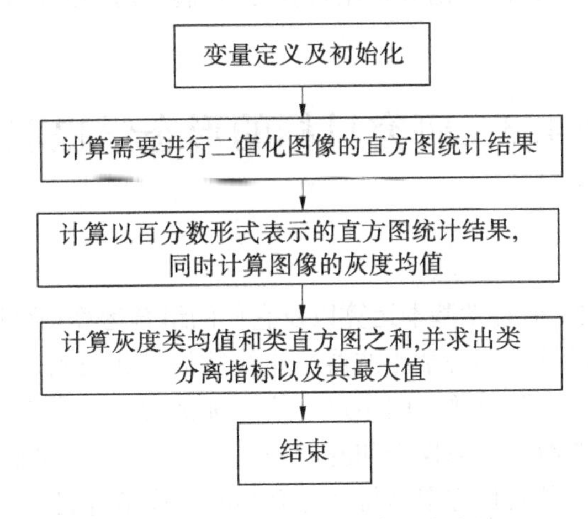

图 4-8 大津阈值分割算法的流程

本书对 Ostu 算法进行了试验,并将试验结果与其他分割方法进行了比较。如图 4-9 所示,图 4-9(a)是经 3×3 中值滤波后的原始影像,图 4-9(b)是利用最小误差法分割的结果,图 4-9(c)是利用迭代阈值法分割后的结果,图 4-9(d)是大津阈值法分割后的结果。

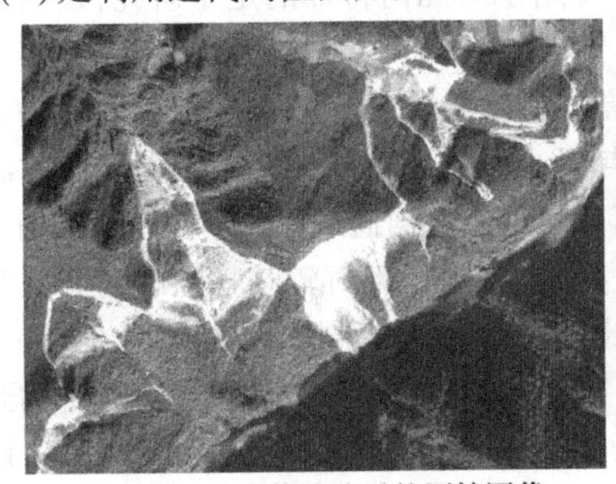

(a) 经 3×3 中值滤波后的原始图像

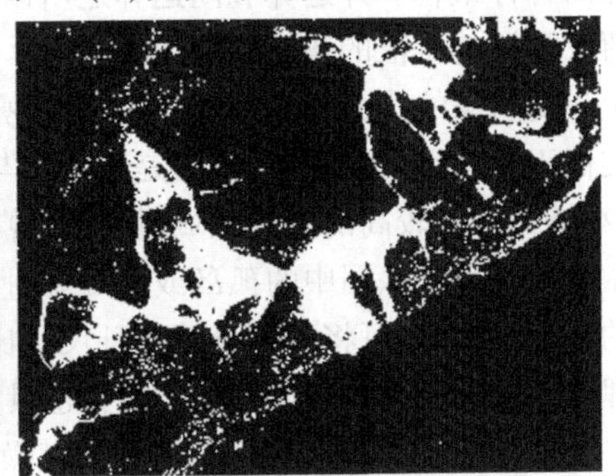

(b) 利用最小误差法分割的结果

图 4-9 不同方法对提取目标进行分割的结果比较

(c) 利用迭代阈值法分割后的结果

(d) 大津阈值法分割后的结果

续图 4-9

从图 4-9 中可以看出，三种分割方法均能较好地完成图像的二值化，但是 Ostu 方法在分割出所提取目标的同时，还抑制了噪声，而且使目标的边界圆滑清晰，避免毛刺和伪边缘的产生，这个结论与前面所进行的理论分析相吻合，并且满足对圈定被破坏生态范围目标精确分割的需求。

§4.3　研究目标的形态学提取

4.3.1　形态学滤波

在第 2 章中提到，数学形态学基本运算以及它们的组合运算均可以起到滤波作用，它们实际上可以被看作是滤波器。形态学滤波器是非线性信号滤波器，它可以通过变换来局部修改信号的几何特征。在欧几里德空间中每个信号都被看成一个集合，形态滤波是改变信号形状的集合操作。只要给定滤波操作和滤波输出，就可以得到对输入信号几何结构的定量描述。形态滤波器的一种实现方案是将开运算和闭运算结合起来。

因为膨胀和腐蚀并不互为逆运算，所以不能互换次序。也就是说，腐蚀中丢失的信息并不能依靠对腐蚀后的图像进行膨胀而恢复。在基本的形态学操作中，膨胀和腐蚀很少单独使用。将膨胀和腐蚀结合使用可得到开运算和闭运算，在图像分析中最常使用的是开运算和闭运算的各种组合。开运算和闭运算之所以可用于对几何特征的定量研究，是因为它们对所保留或除掉的特征的灰度影响很小。

对于灰度图像的滤波来说，从消除比背景亮且尺寸比结构元素小的结构角度来看，开运算有些类似于非线性低通滤波器，但是开运算与阻止各种高空间频率的频域低通滤波器不同，在大小结构都有较高的空间频域时，开运算只允许大结构通过并且除去小的结构。对一幅图像做开运算可消除图中的孤岛或尖峰等过亮的点；闭运算对较暗特征的功能与开运算对较亮的特征一样，它可将比背景暗并且尺寸比结构元素小的结构除掉。

同理，对于二值图像，开运算和闭运算也具有相同的滤波性质。二值形态学中的开运算可以消去背景中细小区域，除去差噪声（胡椒噪声），断开细小连接的作用；闭运算可以填充区域中的小孔洞，除去目标中的并噪声（盐噪声），连接相邻近区域的效果。无论是并噪声还是差噪声，它们都是图像补集的一部分，开运算和闭运算之所以能够除去这些噪声，其实原理很简单,就是因为结构元素不能填入这些部分的缘故[58]。由于开、闭运算均是腐蚀膨胀的串行运算,所以整个过程可以描述为:

$$\{[(A\Theta B)\oplus B]\oplus B\}\Theta B=(A\circ B)\bullet B \tag{4-20}$$

图4-10演示了开、闭运算进行滤波的整个过程。其中矩形表示原图像 A,B 表示圆盘结构元素。

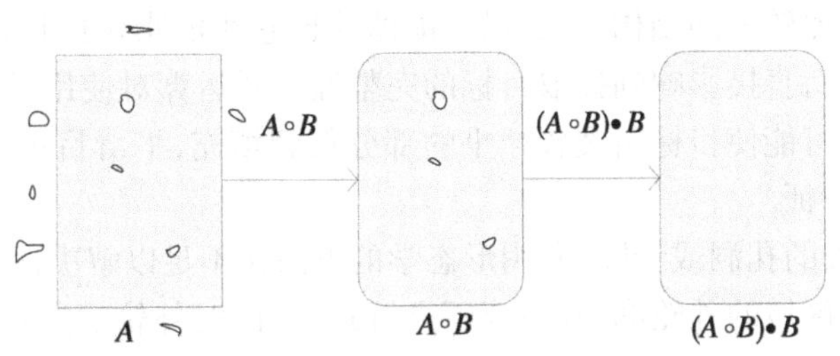

图4-10 开、闭运算的过程

参照图4-9(d)图像分割后的结果,虽然相对其他分割方法来说,大津法的分割效果比较理想,但从图中可以看出背景中仍存在少量噪声,边界也不是很平整。根据上述形态滤波器的原理,可以考虑利用数学形态学的方法将噪声滤除,并且还改善图像的质量。如图4-11所示,图4-11(a)为经Otus分割后的原始影像,图4-11(b)为菱形模板开运算的结果,图4-11(c)为闭运算的结果,图4-11(d)为2×2的正方形模板进行开运算的结果。

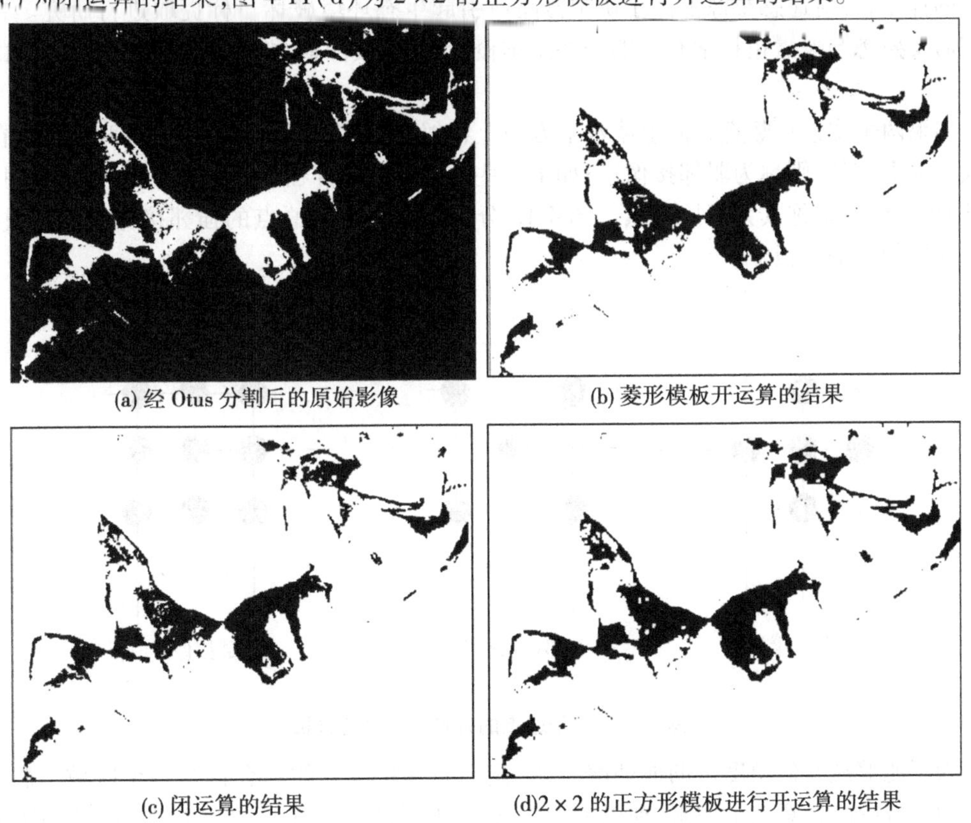

(a)经Otus分割后的原始影像　(b)菱形模板开运算的结果

(c)闭运算的结果　(d)2×2的正方形模板进行开运算的结果

图4-11 形态学滤波

从图 4-11 中可以看出,开运算可以很好地滤除分割后图像中一些残留的噪声,从而保留小面积目标区域;闭运算则把图像中一些小面积区域当作噪声滤除掉了。在试验过程中,从处理的质量上看,还是达到了理想的视觉效果。

值得注意的是,开运算使用了菱形结构元素,而没有使用最常用的 3×3 结构元素,这是因为在这幅图像中,目标区域相对整幅影像图形面积较小,而且有很多小面积的不规则形状区域,如果使用尺寸比较大的结构元素,虽然能滤除比它小的噪声区域,但同时也将图像中的细节过多地滤除了,直接影响到提取目标的完整性。开运算对使用尺寸相对较大的 3×3 正方形模板,可以尽可能使目标断裂较严重的部分得到填充,平滑目标边缘,有利于保持目标的原有基本形状特征。

对于目标上较大的孔洞或缝隙,利用形态学的方法还不足以解决,可以对区域采用边界跟踪的方法,只跟踪区域的外轮廓,其内部不进行跟踪,而对外轮廓进行跟踪即是要得到完整的目标区域。

就本试验而言,从整体效果来看,通过选择适当的结构元素对影像进行形态学滤波,还是达到了预期的效果。

4.3.2 轮廓提取

轮廓提取在很多文献中都有阐述,并且已经形成了成熟的算法。本书试图通过数学形态学的算子,针对遥感影像上由于矿山修路所引起生态环境破坏目标提取进行研究。首先我们需要熟悉与像素拓扑学有关的一些基本概念:强邻接像素、弱邻接像素和邻接像素的模板。

如果两个像素在竖直方向上或水平方向上相邻,则称为强邻接像素;如果两个像素在对角线方向上相邻,则称为弱邻接像素;如果一些像素之间既存在强邻接像素也存在弱邻接像素,则可以简单地称其为邻接像素。图 4-12 分别给出了相对原点的强邻接像素、弱邻接像素和邻接像素的模板。

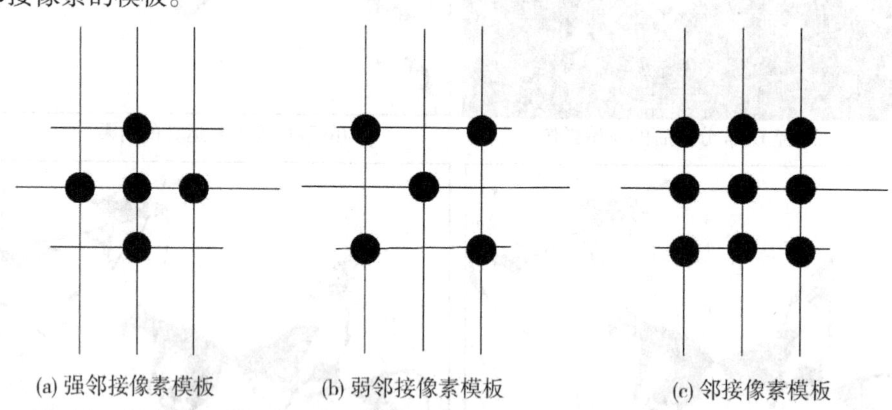

图 4-12 关于原点的各种邻接像素模板

为了能够从几何角度透彻地理解问题,我们通常将像素的集合视为一个区域。假设 x 和 y 为区域中的任意两个像素,现以 x 为头,以 y 为尾,则在 x 和 y 之间存在一个像素序列,如果这个像素序列也在这个区域中,并且序列中的像素之间为强邻接关系,那么这个区域称为强连通的；同样地，如果序列中所有像素之间都具有邻接关系，则称该区域为连通的。图 4-13(a)、(b)和(c)分别表示强连通区域、连通区域和非连通区域。其实强连通区域实际上也是连通区域，并且每一个二值图像都可以用连通区域的并来表示。如果这些区域中的任何一个区域都是最大限度的连通，则这些区域称为这个图像的连通成分。图 4-13(c)中所示的图像由两个连通成分组成。一幅连通的图像只有一个连通成分，就是它本身。

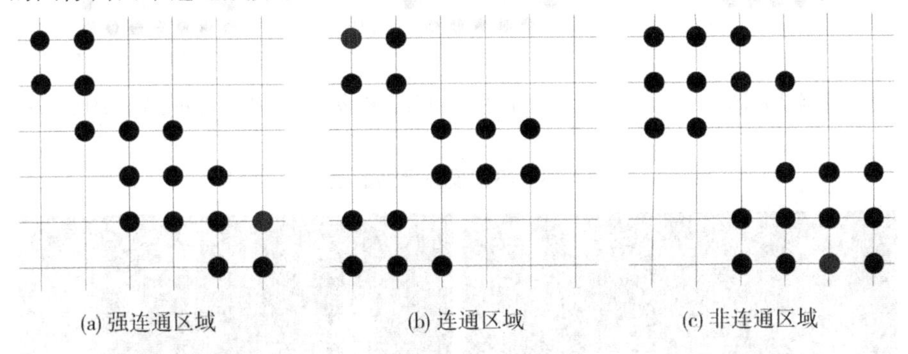

图 4-13　区域的连通性

在第 2 章中已经讨论过，选择一定的结构元素做腐蚀会使图像缩小，做膨胀会使图像扩大，并且两种运算都可以用来提取二值图像的边界。但是两种运算提取边界的性质不同，具体情况可以分为以下三种可能：

$$\beta(A) = (A \oplus B) - A \tag{4-21}$$

$$\beta(A) = A - (A \Theta B) \tag{4-22}$$

$$\beta(A) = (A \oplus B) - (A \Theta B) \tag{4-23}$$

以上的表达式中，A 表示原图像，B 表示结构元素，$\beta(A)$ 表示图像边界。式(4-21)表示图像膨胀结果与 A 的差集，得到的是图像的外边界；式(4-22)表示 A 与腐蚀结果的差集，得到的是图像的内边界；式(4-23)给出了跨骑在实际欧氏边界上的边界，也可以简单地理解为双边缘，这实际上就是第 3 章提到的形态学梯度，把它用于二值图像可以直接提取出目标较宽的边界。

在离散的情况下，利用数学形态学方法所得到的边界，取决于使用何种数字结构元素。图 4-12 所示的三种模板实际上是数学形态学中经常用到的三种结构元素。其中图 4-12(c)是 3×3 的方形模板，方形模板属于邻接像素模板，利用它进行边缘提取可以得到强连通边界，而利用图 4-12(a)的强邻接像素模板则得到弱连通边界。因为有些应用需要抽取图像的强连通边界，所以在选取结构元素时需考虑到这一点。对于小的图像成分，边界看起来可能比较混乱，尤其对于内边界。图 4-12(b)所示的弱邻接像素模板应用范围较小，在此就不做讨论。下面以提取外边界为例来说明，图 4-14 表示出了不同的像素模板得到的不同边界情况。

基于以上的讨论，对图 4-11(c)的结果继续进行了试验，并且分别利用两种结构元素(模板)进行了提取处理，比较了处理结果，如图 4-15 所示。

上述试验是对图 4-11(c)进行了外轮廓提取，从得出的两种结果来看，基本上都能达到预期的效果。从提取出的目标的边缘来看，图 4-15(a)采用了菱形结构元素(强邻接像素模板)，因此得到的是弱连通的外边界，由于边缘的像素较少，所以在视觉上，表现出所提取目

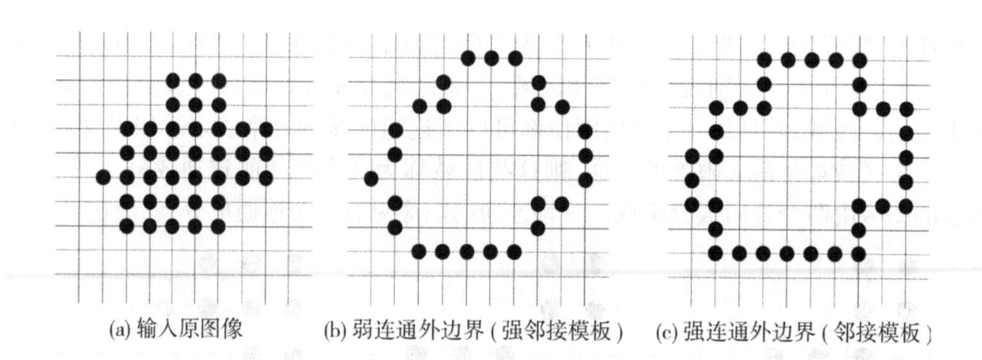
(a) 输入原图像　(b) 弱连通外边界(强邻接模板)　(c) 强连通外边界(邻接模板)

图 4-14　不同模板得到的边界

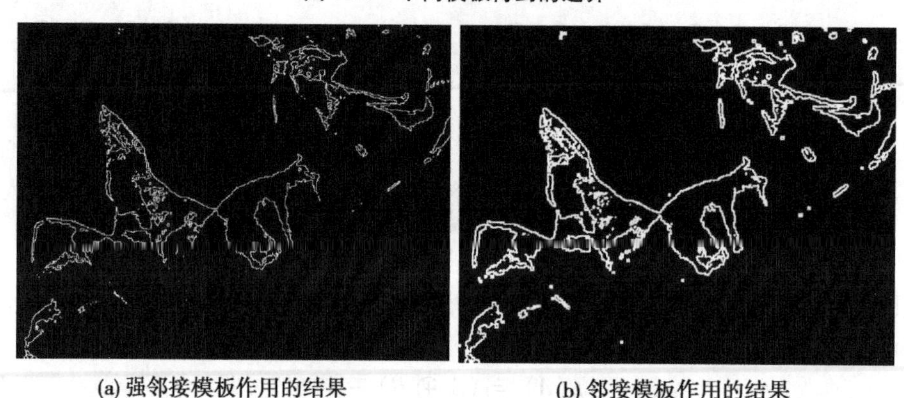
(a) 强邻接模板作用的结果　(b) 邻接模板作用的结果

图 4-15　对图 4-11(c)的提取结果

标的边界显得单薄,且线条比较平淡。相反,图 4-15(b)则选用尺寸合适的方形结构元素,就取得了很好的视觉效果。

由于一般的航空遥感影像上所提取目标大多都比较小,为了不丢失图像中的细节,更好地刻画出目标的边缘,一般采用提取目标外轮廓的方法。图 4-16 给出了对图 4-11(c)利用 3×3模板进行不同边界提取的结果。

从图 4-16 中也可以看出,外边界提取能够较好地保持提取目标原有的形状,边缘也比较平滑,且符合人眼的视觉效果;提取的内边界引起了提取目标的变形,目标还出现了边界重合和粘连现象;形态学梯度则使得目标的边缘变粗,并且一些区域也出现了粘连的情况,因此同样不适合小目标的提取。

综上所述,我们可以得出以下结论:对于大多数的航空遥感影像,在提取复杂目标或者所提取目标比较小的情况下,利用邻接像素模板进行目标外边界的提取是最佳的。

4.3.3　试验结果分析

从视觉角度来看,本试验达到了预期的目的。为了更好估计,本书对试验结果影像和原始影像进行了叠加,如图 4-17 所示。

从叠加的效果来看,本书提取的目标形状基本上与原始影像上的目标相吻合。但是由于阴影的影响,所提取的目标还不是特别完美。究其根本原因,是由于在进行形态滤波的同时,开运算和闭运算算法也造成了个别目标上的信息损失或者破坏了原目标的细节特征。

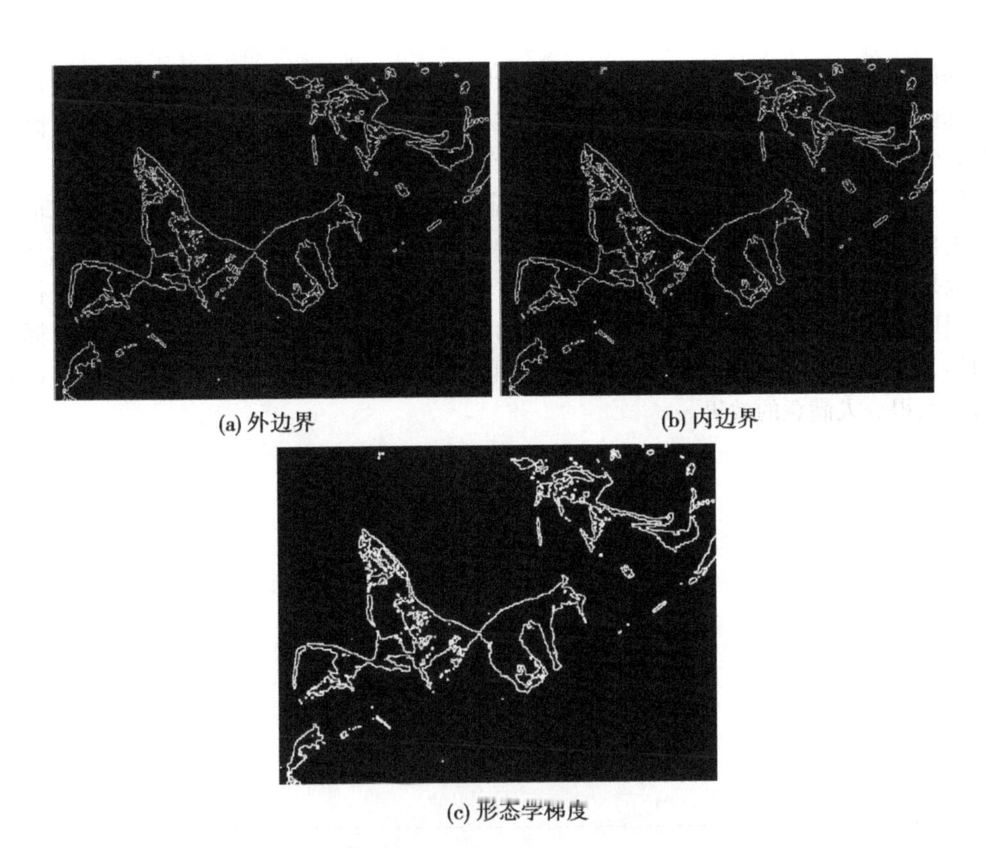
(a) 外边界　　(b) 内边界

(c) 形态学梯度

图 4-16　提取目标的不同边界

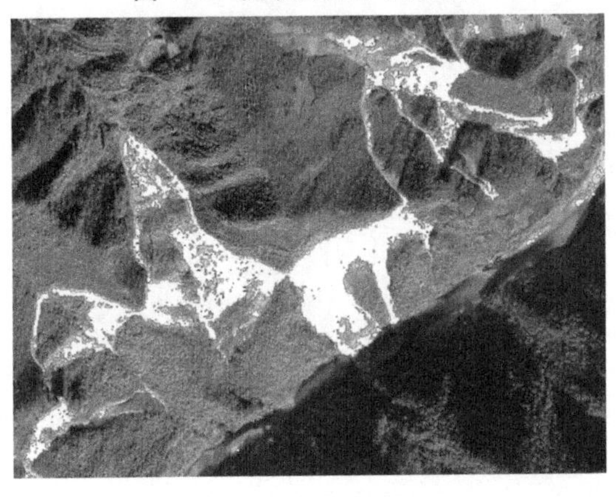
图 4-17　目标[图 4-16(a)]与原始影像[图 4-2(c)]叠加的结果

但就本试验所要求的精度来看,最后的结果还是令人满意的。

§4.4　小　结

本章针对遥感影像上由于矿山修路所造成的生态环境破坏目标提出了一种基于数学形态学理论和 MATLAB 系统平台的目标自动提取方法。重点阐述了矿山修路所造成的生态环境破坏目标提取的全过程。为了提高图像质量,必须对原始图像进行图像预处理,预处理技术的好坏直接影响到所提取结果。本书在比较了多种平滑滤波的效果后，找到了适合本书目标的遥感影像的滤波方法。图像分割(二值化)也是进行目标提取的关键步骤，因为一切形态学算法都建立在二值图像的基础之上。

数学形态学算法在本章主要有两方面的应用：一个是滤波，一个是边界提取。二值化后影像上仍然存在少量噪声，运用形态学滤波器可以很好地滤除掉所残留的各种噪声，达到理想的效果。然后运用不同的结构元素模板，对不同遥感影像上生态环境破坏目标进行了形态学提取，提取过程中充分比较了各种结构元素模板以及提取出的生态环境破坏目标的不同边界，找到了最佳的提取方法，并和其他提取方法做比较。试验结果表明，这样的提取方法可以取得令人满意的效果。

第 5 章　总结与展望

§5.1　主要成果

信息技术和传感器技术的飞速发展为我们带来了丰富的遥感数据源,如何快速、有效地获取和利用这些数据信息是21 世纪人类所面临的问题。应用遥感卫星能在短时间内获取矿区开采现状的信息,相对于传统野外调查方法能节省大量的时间、人力和物力。另外,卫星遥感技术可以快速准确地查明矿区各种矿山类型、面积分布、开发利用与保护现状,为圈定环境污染的时空分布、建立环境污染预测模型提供基础数据等。

5.1.1　本部分主要完成的工作

(1)简述了遥感技术在矿山环境领域应用研究进展、数学形态学的发展历史及在图像处理中的重要地位。

(2)对数学形态学的基础理论做了概括和总结,其中包括腐蚀、膨胀、开运算、闭运算。明确指出了腐蚀、膨胀和数学形态学中两个最基本的运算,一切形态学的算法都是这两个基本运算的组合。

(3)特别介绍了数学形态学的某些运算,无论是对于二值图像还是灰度图像所具有的滤波性质。

(4)探讨了结构元素(有时也称作模板)在数学形态学中的关键地位;对目标提取的相关数学形态学算法进行了研究,其中包括击中与击不中变换 HMT、形态学梯度。并将形态学梯度运用到图像边缘的检测中,获得了很好的效果。

(5)对所提取的目标遥感影像应用多种方法进行预处理、分割和形态滤波,最后找到了较好的预处理和分割方法。

(6)详细阐述了运用形态学方法提取目标轮廓的全过程,给出了提取目标的不同边界,并对试验结果进行了分析。

5.1.2　本部分的创新点

服务于图像判读的图像解译系统要求能识别的典型目标主要有建筑物、飞机、舰船、地面车辆、桥梁及军事目标等,而对矿山活动所引起信息特征提取还比较少。本书在数学形态学用于目标提取的方法上进行了大胆的尝试,并且结合 Matlab 应用程序平台,从遥感影像上自动提取出矿山修路引起的环境破坏范围边界,通过试验结果对比,取得令人满意的效果,并且这种方法理论基础简单,速度快,易于实现。

§5.2　不足与展望

从以上的讨论应该看出,数学形态学的方法也具有它本身的局限性。结构元素在数学形态学中扮演着重要的角色,并且也是数学形态学中最不稳定的因素。虽然一些常规形态学算法能改善图像质量,但往往也损坏了图像的细节,使图像出现了断裂,并且这种破坏不能通过形态学对偶运算来恢复。因此,单纯地依靠数学形态学方法并不能为我们带来所有便利。

遥感影像理解中目标提取的研究涉及多种学科,本书所做的工作主要是对数学形态学的理论和方法进行了试验,并实现了其中的一些算法。鉴于遥感影像上相对明显的目标,虽然取得了一定的效果,但对于复杂背景下的遥感影像中目标提取还需要很多工作要做。具体如下:

(1)由于结构元素对形态运算的结果有决定性的作用,所以需结合实际应用背景和期望合理选择结构元素的大小与形状。

(2)对局部多结构元素的形态学算法进行更加深入的探讨,可以使结构元素的选择趋于多元化,增强形态学算法的可靠性和精确度。

(3)对相关形态学算法如软形态学、模糊形态学、模糊软数学形态学等进行更加深入的研究,改进现有的形态学算法。

(4)结合多领域学科研究,将形态学算法与神经网络、小波分析理论、分形理论、模糊数学等算法相融合,使数学形态学在图像处理中不至于陷于孤立的地位。

(5)拓宽数学形态学算法运用领域,继续探讨各种算法,比如区域填充、修剪、图像重建以及流域分割算法等。

(6)对于复杂条件下的矿山活动信息目标提取进行进一步研究。加强数学形态学算法的适应性,比如针对大小不同的噪声采用交变序列滤波器等。

(7)继续对矿山活动信息提取的相关方面进行研究,比如矿山活动留下的复杂痕迹提取。

综上所述,随着数学、计算机学、模式识别和人工智能等学科的发展和测绘学科自身的进步,遥感影像的分析和目标提取识别的理论和应用必将产生新的突破,遥感影像上目标自动提取识别必将成为现实,并且逐渐走向成熟,为未来高技术条件下的矿山活动检测服务。

参考文献

[1] 周萍,李志忠.空间遥感技术(3S)用于矿山地质环境与生产安全监测[J].中国矿业,2002,11(5):1-7.
[2] 农晓丹.中国矿山生态环境管理研究[D].武汉:中国地质大学,2004.
[3] 梅安新,彭望琭,秦其明,等.遥感导论[M].北京:高等教育出版社,2001.
[4] 李刚.卫星遥感图像薄云去除技术研究[D].成都:成都理工大学,2007.
[5] 徐骏.基于像元集合单元的城市街区用地类型的遥感自动识别方法[D].上海:华东师范大学,2005.
[6] 国巧真.采煤塌陷区遥感动态监测系统的研究[D].唐山:河北理工大学,2005.
[7] 浦瑞良,宫鹏.高光谱遥感及其应用[M].北京:高等教育出版社,2000:47-78.
[8] 甘甫平,王润生,马蔼乃.光谱遥感岩矿识别基础和技术研究进展[J].遥感技术与应用,2002(3):140-

147.
[9] 唐世浩,朱启疆,李小文.高光谱与多角度数据联合进行混合象元分解研究[J].遥感学报,2003(3):182-188.
[10] 杜培军,等.高光谱遥感数据光谱特征的提取与应用[J].中国矿业大学学报,2003,32(5):500-504.
[11] 钱丽萍.遥感技术在矿山环境动态监测中的应用研究[J].安全与环境工程,2008,15(4):1-5.
[12] 袁先乐,徐克创.我国金属矿山固体废弃物处理与处置技术进展[J].金属矿山,2004(6):2-3.
[13] 盛业华,郭达志,张书毕,等.工矿区环境动态监测与分析研究[M].北京:地质出版社,2001:28-30.
[14] 杜培军.工矿区陆面演变与空间信息技术应用的研究[J].测绘学报, 2003(1):3-4.
[15] 彭苏萍,王磊,孟召平,等.遥感技术在煤矿区积水塌陷动态监测中的应用——以淮南矿区为例[J].煤炭学报, 2002(4):3-5.
[16] 陈龙乾,徐黎华,等.矿区复垦土壤质量评价方法[J].中国矿业学报,1999(5):2-3.
[17] 金学林,郭达志.地球信息科学技术与矿区环境监测和治理[J]. 中国矿业大学学报,2002(7):3-5.
[18] Ferrier G,Wadge G. The Application of Imaging Spectrometry Data to Mappig Alteration Zones Associated with Gold Mineralization in Southern Spain[J]. INT. J. Remote Sensing,1996,17(2):331-350.
[19] Loughlin W P. Principal Component Analysis for Alteration Mapping[J]. The Eighth Thematic Conference on Geologic Remote Sensing,USA,1991:293-306.
[20] Swayze, G. A, R. N. Clark, K. S. Smith,et al. Using Imaging Spectroscopy to Cost-Effectively Locate Acid-Generating Minerals at Mine Sites: An Example From the California Gulch Superfund Site In Leadville, Colorado[J]. Geological Society of America Abstracts with Programs, October 20-23, 1997, v. 29, no. 6, pp. A-322.
[21] 张发旺,侯新伟,韩占涛,等.采煤塌陷对土壤质量的影响效应及保护技术[J].地理与地理信息科学,2003,19(3):67-70.
[22] 甘甫平,王润生,杨苏明.西藏 Hyperion 数据蚀变矿物识别初步研究[J].国土资源遥感,2002(4):5-7.
[23] 甘甫平,等.高光谱遥感信息提取与地质应用前景[J].国土资源遥感,2000(9):38-44.
[24] 雷利卿,岳燕珍,孙九林,等. 遥感技术在矿区环境污染监测中的应用研究[J]. 环境保护, 2002(2):33-36.
[25] 雷利卿,李永庆.矸石山附近植物的反射光谱特性研究[J].山东科技大学学报(自然科学版), 1998,(2).
[26] Newton A P. Discriminating Rock and Surface Types with Multi-spectral Satellite Data in the Richtersveld, NW Cape Province,South Africa[J]. INT. J. Remote Sensing,1993,14(5):943-959.
[27] 杜华强. 荒漠化地区高光谱遥感数据预处理及地物光谱重建的研究[D].哈尔滨:东北林业大学,2002 .
[28] 崔步礼,常学礼,陈雅琳,等.黄河口海岸线遥感动态监测[J].测绘科学,2007(3).
[29] 马玲.遥感与 GIS 技术在矿山环境监测与质量评价中的应用[D].成都:成都理工大学,2008.
[30] Raimundo Almeida-Filho, Yosio E Shimabukuro. Digital processing of a Landsat-TM time series for mapping and monitoring degraded areas caused by independent gold miners, Roraima State, Brazilian Amazon[J]. Remote Sensing of Environment, 2002,791, 79(1):42-50.
[31] 陈旭.遥感解译分析矿山开发对生态环境的影响[J].资源调查与环境, 2004(1).
[32] 谢欢.基于遥感的水质监测与时空分析[D].上海:同济大学,2006 .
[33] 陈怀珠. RS 和 GIS 在监测城市环境变化和环境质量评价中的应用[D].福州:福建农林大学,2004.
[34] 宋玲玲.黄浦江上游水质和土地利用的遥感监测应用研究[D].上海:同济大学,2007.
[35] 冯凯龙,马国欣. 遥感技术在环境监测中的应用及其原理[A]//第一届中国高校通信类院系学术研

讨会论文集[C].2007.
[36] 陆皖宁.水体遥感实测光谱数据后处理与软件实现[D].南京:南京师范大学, 2007.
[37] 王云鹏,闵育顺,傅家谟,等. 水体污染的遥感方法及在珠江广州河段水污染监测中的应用[J].遥感学报,2001(6).
[38] 张兵,李俊生,郑兰芬,等.高光谱遥感内陆水质监测研究[A]//第六届成像光谱技术与应用研讨会文集[C].2006.
[39] Darecki M,Stramski D. An evaluation of MODIS and SeaWiFS bio-optical algorithms in the Baltic Sea[J]. Remote Sensing of Environment, 2004(89):326-350.
[40] Carder K L, Chen F R, Cannizzaro J P, et al. Performance of the MODIS semi-analytical ocean color algorithm for chloro-phyll-a[J]. Advances in Space Research, 2004,33:1152-1159.
[41] 胡举波.黄浦江上游水域水质遥感监测模型的研究[D].上海:同济大学,2006.
[42] Sylvana Y. Li,饶良懿. 水质监测和流域水资源管理:中国黄河流域的一种新方法[A]//中美水土保持研讨会论文集[C].2003.
[43] 席红艳. 香港近海水体光学特性分析及色素浓度反演模式研究[D].青岛:中国科学院研究生院(海洋研究所),2007.
[44] 刘剋.内陆水体反射波谱测量方法研究[J].重庆师范大学学报(自然科学版), 2006(4).
[45] Dekker A G, Brando V E, Anstee J M, et al. Applications of Imaging Spectrometry in Inland, Estuarine, Coastal and Ocean Waters [A]// Imaging Spectrometry: Basic Principles and Prospective Applications [C]. Dordrecht: Kluwer Academic Publishers,2001.
[46] 段洪涛,闻钰,张柏,等.应用高光谱数据定量反演查干湖水质参数研究[J].干旱区资源与环境,2006(6):1-3.
[47] 陈建辉,徐涵秋.晋江水体悬浮物浓度的高光谱建模分析[J].遥感技术与应用,2008(6).
[48] 范冬娟,张韶华.高光谱影像反射率反演方法的研究[J].海洋测绘,2006(3).
[49] 崔屹.数字图像处理技术及应用[M].北京:电子工业出版社,1997.
[50] Shih F Y, Wu Yi－Ta. Decomposition of binary morphological structuring elements based on genetic algorithms[J]. Computer Vision and Image Understanding, 2005, 99(2):291-302.
[51] Ming Zeng, Jian xunLi, Zhang Peng. The design of Top-Hatmorphological filter and application to infrared target detection[J]. Infrared Physics & Technology, 2006, 48:67-76.
[52] 安如,等.基于数学形态学的道路遥感影像特征提取及网络分析[J].中国图像图形学报,2003,8(7).
[53] 陈坚刚.交通地图道路图层提取与矢量化[D].合肥:中国科学技术大学,2007.
[54] 王耀革.基于数学形态学的遥感影像道路提取[D].郑州:解放军信息工程大学,2003.
[55] 李明.基于高分辨率遥感影像中舰艇目标的分割与提取技术研究[D].长春:东北师范大学,2008.
[56] 翟辉琴.基于数学形态学的遥感影像面状目标提取研究[D].郑州:解放军信息工程大学,2005.
[57] 卞志俊.基于数学形态学和分水岭算法的遥感图像目标识别[D].南京:南京理工大学,2003.
[58] 董宝根.遥感影像上目标提取的数学形态学方法研究[D]. 郑州:解放军信息工程大学,2005.
[59] 莫登奎.中高分辨率遥感影像分割和信息提取研究[D].长沙:中南林业科技大学,2006.
[60] 颜梅春,雷秀丽.基于高分辨率卫星 IKONOS 影像的城市道路信息提取研究[J].遥感技术与应用,2004(4).
[61] Milan Sonka,等.图像处理分析与机器视觉[M].2 版.艾海舟, 武勃,等译.北京:人民邮电出版社,2003.
[62] Yen J C,Chang S. A new criterion for automatic multilevel thresholding[J]. IEEE-IP,1995,4(3):370-378.
[63] Zhang Y J. 3D image analysis system and megakaryocyte quantitation Cytometry,1991,12(5):308-315.

第二篇　基于 SFIM、Gram-Schmidt 融合方法获取矿区空间纹理信息

第6章　图像融合的基本理论

§6.1　引　言

图像融合是通过一个数学模型把来自不同传感器的多幅图像综合成一幅满足特定应用需求的图像的过程,从而可以有效地把不同图像传感器的优点结合起来,提高对图像信息分析和提取的能力[1]。近年来,图像融合技术广泛地应用于自动目标识别、计算机视觉、遥感、机器人、医学图像处理以及军事应用等领域。图像融合的主要目的是通过对多幅图像间冗余数据的处理来提高图像的可靠性,通过对多幅图像间互补信息的处理来提高图像的清晰度。根据融合处理所处的阶段不同,图像融合通常可以划分为像素级、特征级和决策级。融合的层次不同,所采用的算法、适用的范围也不相同。图像融合的三个级别中,像素级作为各级图像融合的基础,尽可能多地保留了场景的原始信息,提供其他融合层次所不能提供的丰富、精确、可靠的信息,有利于图像的进一步分析、处理与理解,进而提供最优的决策和识别性能。

遥感图像融合主要有两个关键问题:一是融合前两幅图像严格的空间配准,通常空间配准误差不得超过一个像素。只有将不同空间分辨率的图像精确地进行配准,才可能得到满意的效果。二是融合前后影像色调的调整。如提高全色数据的亮度,增强局部反差突出纹理细节,尽可能降低噪声;对多光谱数据进行色彩增强,拉大不同地类之间的色彩反差,突出其多光谱彩色信息。融合后影像处理:融合后影像亮度偏低、灰阶较窄,可采用线性拉伸、亮度对比度、色彩平衡、色度、饱和度等调整色调。

§6.2　图像融合的基本知识

6.2.1　图像融合的层次[2]

图像融合根据数据融合的阶段分为三个层次,分别为像素级、特征级和决策级(语义级)。

像素级融合是低级的融合,它将传感器测量到的物理参数合并在一起(见图6-1),并将高分辨图像作为低分辨图像的参照而对采集图像的像素点进行融合操作,通常很难得到满意的效果。它强调不同图像信息在像元基础上的综合,先对栅格数据进行相互的几何配准,在各像元一一对应的前提下进行图像像元级的合并处理,以改善图像处理的效果,使图像分割、特征提取等工作在更准确的基础上进行,并可能获得更好的图像视觉效果。最低层次的融合是基于最原始的图像数据,能更多地保留图像原有的真实感,提供其他融合层次所不能提供的细微信息,因而被广泛应用。

特征级融合是目前图像融合领域研究的热点,是指运用不同算法,首先对各种数据源进

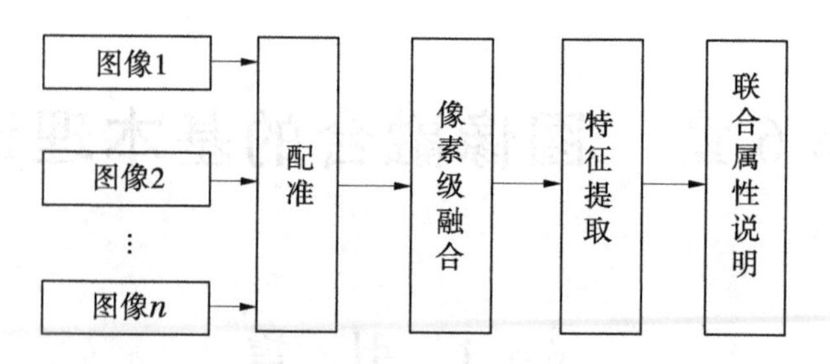

图 6-1 像素层图像融合示意图

行目标识别的特征提取如边缘提取、分类等，即先从初始图像中提取特征信息——空间结构信息如范围、形状、领域、纹理等；然后对这些特征信息进行综合分析与融合处理（见图 6-2）。特征级融合不要求数据来自同类的数据源，因地理信息的覆盖范围更大，比如可以将遥感图像信息和地面信息融合。特征级融合是中等层次的融合，它首先将各种待融合的数据分别按照各自的处理方法进行特征提取，然后对提取出的特征进行融合。特征层处理的特点相当于对原始的信息进行了一次压缩处理，因此该种方法在预处理阶段处理的信息量比像元级融合更大，融合中的计算量比像元级融合低，缺点是丢失了部分信息，因此精度比像元级融合差。

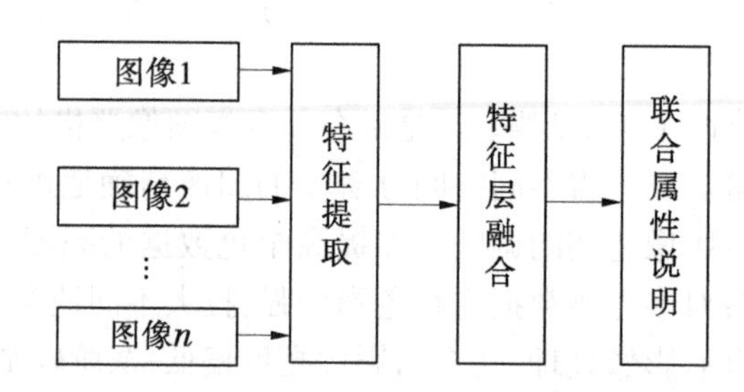

图 6-2 特征层图像融合示意图

决策级融合为高层次的融合，是指在图像理解和图像识别基础上的融合。是经“特征提取”和“特征识别”过程后的融合（见图 6-3）。首先从待处理的图像（原始图像、像元级或特征级图像）分别进行信息提取（分类），再将得到的增值信息或分类结果通过一定的决策规则进行融合，来解决不同数据所产生的结果的不一致性，从而提高对研究对象的辩识程度。它是一种高层次的融合，往往直接面向应用，为决策支持服务。

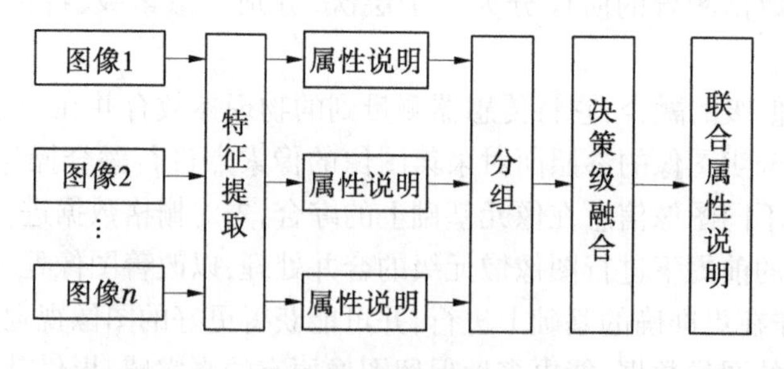

图 6-3 决策层图像融合示意图

各个层次上的图像融合算法具有各自的优缺点。研究和应用最多的是像素级图像融合，目前已提出的绝大多数的图像融合算法均属于该层次上的融合。图像融合狭义上指的就是像素级图像融合。

6.2.2　图像融合的规则及融合算子[2]

图像融合过程中，融合规则及融合算子的选择对于融合的质量至关重要，也是图像融合中至今仍未很好解决的难点问题。

6.2.2.1　简单融合规则

简单融合规则就是“基于像素”的融合规则。它的基本原理是不对参加融合的各源图像进行任何图像变换或分解，而是直接对各个源图像中对应位置像素的灰度值处理，确定融合后图像在该位置处的像素灰度值，使之融合成一幅新的图像。简单的像素级图像融合规则有以下几种。

1. 加权平均图像融合方法

为了便于说明及简化叙述，这里不妨以两幅源图像融合为例，说明图像的融合过程。对于三幅或多幅源图像融合的情形，可以类推。假设参加融合的两幅源图像分别为 A、B，图像大小均为 $N_1 \times N_2$，经融合后得到的融合图像为 F，那么，对 A、B 两个源图像的像素灰度值加权平均融合的过程可以表示为

$$F(n_1,n_2) = \omega_1 A(n_1,n_2) + \omega_2 B(n_1,n_2) \tag{6-1}$$

其中，加权系数 $\omega_1 + \omega_2 = 1$。

多数情况下，在这种加权平均融合方法中，参加融合的图像提供了冗余信息，通过这种融合可以提高检测的可靠性。

2. 像素灰度值选大图像融合方法

像素的灰度值选大图像融合方法可表示为

$$F(n_1,n_2) = \mathrm{Max}\{A(n_1,n_2),B(n_1,n_2)\} \tag{6-2}$$

即在融合处理时，比较源图像 A、B 中对应位置处像素的灰度值的大小，以其中灰度值大的像素（可能来自图像 A 或 B）作为融合图像 F 在位置(n_1,n_2)处的像素。这种融合方法只是简单地选取参加融合的源图像中灰度值大的像素作为融合后的像素，其适用场合非常有限。

3. 像素灰度值选小图像融合方法

基于像素的灰度值选小图像融合方法可表示为

$$F(n_1,n_2) = \mathrm{Min}\{A(n_1,n_2),B(n_1,n_2)\} \tag{6-3}$$

即在融合处理时，比较源图像 A、B 中对应位置处像素的灰度值的大小，以其中灰度值小的像素（可能来自图像 A 或 B）作为融合图像 F 在位置(n_1,n_2)处的像素。这种融合方法只是简单地选择参加融合的源图像中灰度值小的像素作为融合后的像素，与像素灰度值选大图像融合方法类似，该方法的适用场合也非常有限。

简单的图像融合方法具有实现简单、融合速度快的优点。在某些特定的应用场合，可能获得较好的融合效果，但在大多数应用中，简单的图像融合方法无法获得满意的融合效果。

6.2.2.2　基于区域特性量测的融合规则[2]

简单图像融合方法都是在空域进行的。为了充分利用源图像中包含的信息，常见的方法是把源图像映射到变换域，在变换域对系数进行融合处理，得到变换域的融合图像，再将

其反变换到空域中,得到融合图像。

通常,图像的局部特征不是由一个像素表征,它是由某一局部区域的多个像素共同表征和体现的。而且,图像中某一局部区域内的各像素之间往往有较强的相关性,这种相关性也反映在变换域的系数中。因此,基于空域单个像素或变换域单个系数的简单融合规则有一定的局限性。为了获得视觉效果更佳,图像细节更丰富,融合操作可以采用基于区域特性量测的融合规则。

基本思想是:首先将参加融合的源图像映射到变换域,在对某变换域分解层图像进行融合处理时,为了确定融合图像的变换域系数,不仅要考虑参加融合图像中对应的各系数,而且要考虑参加融合图像变换域系数的局部邻域。局部区域的大小可以是 3×3、5×5 或 7×7 等。

1. 基于模极大值的融合规则

模极大值融合规则是变换域中的简单融合方法,即取两幅原图像的对应像素的模极大值作为结果图像变换域中对应的系数值:

$$TF(x,y) = \mathrm{Max}\{TA(x,y), TB(x,y)\} \tag{6-4}$$

式中,(x,y) 为变换域中的某一位置。该方法思想简单,可以充分反映变换域的各种特性,在某些情况下能取得较好的效果。

2. 区域方差融合方法

取变换域中以点 (x,y) 为中心 $W\times W$ 邻域($W=3,5,7$)的区域方差记为 var_1 和 var_2,求:

$$\mathrm{Corvar} = 2\times \mathrm{var}_1 \times \mathrm{var}_2/(\mathrm{var}_1^2 + \mathrm{var}_2^2) \tag{6-5}$$

如果 $\mathrm{Corvar} \geqslant \mathrm{factor}$,$(0.5 < \mathrm{factor} < 1)$,则

$$TF(x,y) = \omega_1 TA(x,y) + \omega_2 TB(x,y) \tag{6-6}$$

其中,$\omega_1 + \omega_2 = 1$,$\omega_1 > 0$,$\omega_2 > 0$,反之,则

$$TF(x,y) = \begin{cases} TA(x,y), \mathrm{var}_1 \geqslant \mathrm{var}_2 \\ TB(x,y), \mathrm{var}_1 < \mathrm{var}_2 \end{cases} \tag{6-7}$$

3. 区域能量融合方法

分别计算变换域相应区域的能量 EA 和 EB 区域能量定义为:

$$EA(x,y) = \sum_{x'\in l}\sum_{y'\in p} w(x',y')[TA(x+x',y+y')] \tag{6-8}$$

式中 $w(x',y')$ 为加权系数,l 和 p 定义了局部区域的大小,计算对应区域的匹配度:

$$EAB = \frac{2\sum_{x'\in l}\sum_{y'\in p} w(x',y')[TA(x+x',y+y')TB(x+x',y+y')]}{EA+EB} \tag{6-9}$$

定义一个匹配度阈值 α,$(0.5<\alpha<1)$,如果 $MAB<\alpha$,则

$$TF(x,y) = \begin{cases} TA(x,y), EA \geqslant EB \\ TB(x,y), EA < EB \end{cases}$$
$$TF(x,y) = \begin{cases} W_L TA(x,y) + W_S TB(x,y), EA \geqslant EB \\ W_S TA(x,y) + W_L TB(x,y), EA < EB \end{cases} \tag{6-10}$$

其中,$W_L = \frac{1}{2} - \frac{1-MAB}{2}$,$W_S = 1 - W_L$。

6.2.3　图像融合算法的评价指标[2]

在某些情况下，图像融合服务的对象是人，则融合处理的目的是：

(1)改善图像质量，以改善人的视觉效果。

(2)增加融合图像中的信息量或信息的精度及可靠性，为人的决策提供更丰富、更准确、更可靠的图像信息。在另一些情况下，图像融合服务的对象是机器，其进行融合处理的目的可能是使机器或计算机能自动检测目标、识别目标或跟踪目标。

如果图像融合的服务对象是人，那么，融合图像是由人观察和评价的，其评价结果受到人的视觉特性、心理状态、知识背景、价值取向等诸多因素的影响，评价的尺度很难掌握。因此，对于图像融合效果的评价，尤其是对其进行客观、定量的评价，是一项重要而有意义的工作。

主要的客观评价方法：由于不存在理想的标准参考图像，因而采用基于融合图像自身统计特性以及反映融合图像与源图像之间关系的性能指标客观地评价图像的融合效果。

6.2.3.1　**图像均值**(Average Value AV)

均值的大小表示了图像像素值的平均大小，它是属于统计特性的评价指标。图像的均值定义为

$$M = \frac{1}{m \times n}\sum_{i=0}^{m-1}\sum_{j=0}^{n-1} A(i,j) \tag{6-11}$$

式中：$A(i,j)$ 表示图像在该点的像素值；m 和 n 分别为图像的宽度和高度；M 为均值。

6.2.3.2　**标准偏差**(Standard Deviation)

标准偏差是由均值间接求得的，图像的标准偏差反映了图像像素值的分布情况。标准偏差的定义为

$$SD = \sqrt{\frac{1}{m \times n}\sum_{i=0}^{m-1}\sum_{j=0}^{n-1}[A(i,j) - M]^2} \tag{6-12}$$

标准偏差越大，灰度级分布越分散，目视效果越好。

6.2.3.3　**信息熵**(Entropy)

信息熵是衡量图像信息丰富程度的一个重要指标，融合图像的熵越大，说明融合图像的信息量增加得越多，图像的融合效果越好。其定义如下

$$H = -\sum_{i=0}^{L-1} P_i \cdot \log_2(P_i) \tag{6-13}$$

式中，L 表示融合图像 F 的总灰度级数，行数和列数为 $m \times n$，P_i 表示灰度值为 i 的像素数目 N_i 与图像总像素数 N 之比，即 $P_i = N_i/N$，其反映了图像中灰度值为 i 的像素的概率分布，可看作是图像的归一化直方图。

6.2.3.4　**平均梯度**(Average Gradient)

平均梯度也称为清晰度，它反映了图像中的微小细节反差与纹理变化特征，同时也反映了图像的清晰度，其定义为

$$\nabla\bar{g} = \frac{1}{m \times n}\sum_{i=0}^{m-1}\sum_{j=0}^{n-1}\sqrt{(\Delta I_x^2 + \Delta I_y^2)/2} \tag{6-14}$$

式中：ΔI_x 与 ΔI_y 分别为 x 与 y 方向上的差分。一般来说，图像的平均梯度越大，表示图像越

清晰,融合效果也越好。

6.2.3.5 相关系数(Correlation Coefficient)

相关系数反映了两幅图像的相关程度,两幅图像的相关系数越接近于1,表明图像的接近度越好,其定义为

$$C(A,B) = \frac{\sum_{i,j}[(A(i,j) - \bar{A}) \times (B(i,j) - \bar{B})]}{\sqrt{\sum_{i,j}[(A(i,j) - \bar{A})^2]\sum_{i,j}[(B(i,j) - \bar{B})^2]}} \tag{6-15}$$

式中:$A(i,j)$ 和 $B(i,j)$ 分别为两幅图像的灰度值,$\bar{A}$ 和 $\bar{B}$ 分别为其均值。在试验中,假设 B 为融合的结果,A 为参考图像,若将 B 与理想的标准参考图像进行比较,很容易客观反映融合结果的好坏。但是,在实际中,很难存在这样的理想的标准参考图像,所以在试验中,本书选择了输入的可见光图像作为参考图像 A。因此,就需要通过客观指标,结合主观分析来进行判断。

6.2.4 融合效果和融合图像质量的评价准则[2]

(1)互补信息越大,说明融合图像从原始图像中提取的信息越多,融合效果也就越好。

(2)交叉熵越小,说明融合后图像与标准图像间的差异越小,即融合效果越好。

(3)平均交叉熵和均方交叉熵越小,说明融合图像从参加融合图像中提取的信息越多,融合效果会越好。

(4)均方误差和均方根误差越小,说明融合效果和质量越好。

(5)峰值信噪比 PSNR 越高,说明融合效果和质量相对越好。

(6)融合后图像的熵的大小反映了融合图像包含的信息量的多少,其熵值越大,说明融合效果也相对越好。

(7)平均梯度越大,图像越清晰,说明融合效果和质量越好。

(8)标准差越大,表示图像的信息量增加得越多,说明融合效果和质量越好。

由于融合效果和融合图像质量的定量评价是一个十分复杂的问题,所以在实际评价过程中应综合考虑多个参量,并结合视觉效果来衡量。

§6.3 小 结

本章通过对图像融合的层次、图像融合规则及融合算子,图像融合算法的评价指标、融合效果和融合图像质量的评价准则进行详细的介绍。对后续对多源遥感数据按定的规则(或算法)进行融合运算处理,获得比任何单一数据更精确、更丰富的信息,生成一幅具有新的空间、波谱、时间特征的合成图像过程提供理论基础。

第 7 章　经典的图像融合算法研究

图像融合算法种类非常多，但大体上可以分为三类：一类是从图像增强算法发展而来的较为简单的传统图像融合方法。即针对各个图像通道，利用一些替换、算术等简单的方法来实现。应用较广的有线性加权法、HPF（高通滤波器）法、IHS 变换法、PCA（主分量分析）法等。这些方法简单易行，在不同的领域得到了应用。第二类是自 20 世纪 80 年代中期发展起来的多分辨融合算法，主要是塔式算法和小波变换融合算法。它们的基本思想是：首先把原始图像在不同的分辨率下进行分解，然后在不同的分解水平上对图像进行融合，后通过重构来获得融合图像。第三类主要是多种算法相结合的各种改进的融合算法。

§7.1　IHS 变换图像融合

IHS 表示亮度、色调和饱和度，是人们认识颜色的 3 个特征。IHS 表示亮度（Intensity）、色调（Hue）、饱和度（Saturation）变换，这种彩色空间变换融合是首先将图像分解成亮度 I、色调 H 和饱和度 S，然后用全色波段影像灰度值替换 I，并进行反变换，其具体步骤如图 7-1[3] 所示。

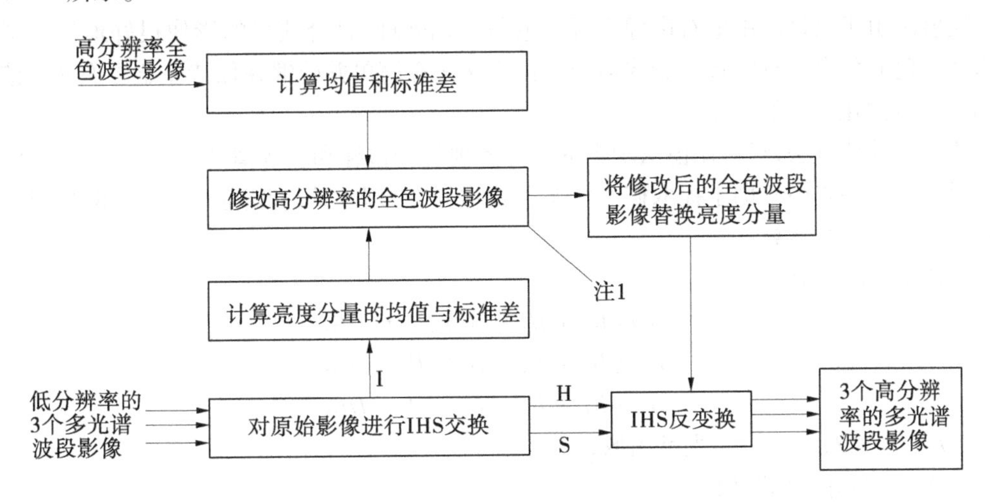

图 7-1　IHS 影像融合原理

图 7-1 中注 1 是指通过式（7-1）~式（7-3）来修改全色波段影像的均值和标准差，修改后灰度值为

$$\hat{p} = (P \times k_1) + k_2 \tag{7-1}$$

其中

$$k_1 = \frac{\sigma_{\text{intensity}}}{\sigma_{\text{pan}}} \tag{7-2}$$

$$k_2 = u_{\text{intensity}} - (k_1 \times u_{\text{pan}}) \tag{7-3}$$

在式(7-1)、式(7-3)中:P 为原始全色波段影像Pan的灰度值;$\sigma_{\text{indensity}}$、$\sigma_{\text{pan}}$ 分别为亮度分量I和全色波段pan的方差;$u_{\text{intensity}}$、u_{pan} 分别为亮度分量I和全色波段影像的灰度均值;k_1 为增益,k_2 为偏移。

该修改强制两个波段的全局统计变量相似,以保持原始多光谱的特征。

IHS变换的确提高了空间分辨率,但有以下两个缺点[3]:①该方法一次只能针对红、绿、蓝3个波段的彩色影像进行变换,而多光谱影像通常不止3个波段。②尽管高分辨率的全色波段影像和IHS变换后亮度分量I的全局变量是相似的,但两幅影像看上去并不相同(它们的局部统计特征可能不相同)。当两波段的均值和方差相同,但其直方图不同,同样存在辐射差异。由于全色波段影像和亮度分量的直方图常常不同,因此IHS反变换产生的多光谱影像会发生变化,结果是增强的多光谱波段影像的某些区域与原始影像的色彩不匹配。

IHS融合实例:TM + SPOT。

(1)将三个波段数据(通常为低分辨率、多光谱图像)进行插值放大,使其分辨率与高分辨率图像保持一致。

(2)将三个波段的数据应用指定的变换公式从RGB空间变换到IHS空间。

(3)将原I分量用另一高分辨率图像I′替换。

(4)将I′、H、S应用逆变换公式从IHS空间逆变换到RGB空间,生成融合图像。

§7.2 比值变换图像融合(Brovey)

比值法由于只是简单地对影像进行颜色归一化处理,融合获得的影像很好地保留了原始影像的色彩信息、色调协调、影像清晰。该方法运算简单并能够在保持原始影像光谱信息的同时取得锐化影像的作用。

相比于其他方法,经过比值法融合的影像各地物的边缘和轮廓清晰可见,在矿产资源开发多目标遥感调查中有助于提取矿产资源开发边界、纹理和地面形迹等信息。但是同样只能对三个波段进行运算。

比值变换融合算法:

$$[B_1/(B_1 + B_2 + B_3)]D = DB_1$$
$$[B_2/(B_1 + B_2 + B_3)]D = DB_2$$
$$[B_3/(B_1 + B_2 + B_3)]D = DB_3$$

式中 $B_i(i=1,2,3)$——多光谱图像;

D——高分辨率图像;

$DB_i(i=1,2,3)$——比值变换融合图像。

§7.3 主成分变换图像融合

主成分变换是遥感数字影像处理中运用比较广泛的一种算法,是一种在统计特征基础上的多维正交线性变换,变换中它将一组相关变量转化为一组原始变量不相关的线性组合[4]。其变换原理见图7-2。

图7-2中修改全色波段影像灰度值的两种方法为:

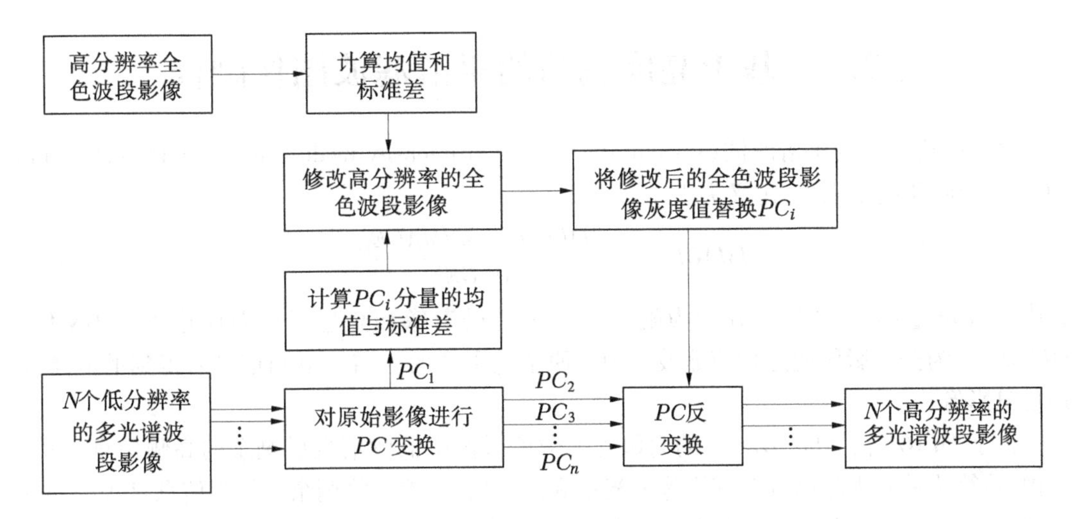

图 7-2 主成分变化融合原理

(1)利用式(7-1)~式(7-3)强迫全色波段影像的均值和方差与 *PC* 变换后第 1 主成分 PC_1 的均值与方差匹配。

(2)强迫全色波段影像的最大值、最小值与 *PC* 变换后第 1 主成分 PC_1 的最大值、最小值分别匹配(即有相同的灰度范围)。

这种修改用于强迫两个波段的统计相似,试图保持原始的多光谱影像的信息[5]。

PC 变换方法与 *IHS* 变换相比,其在同一次融合处理中,可同时提高 n 个多光谱波段影像的空间分辨率,其缺点是 *PC* 变换第 1 主成分(包含了多光谱波段的大多数信息)的信息量要比全色波段影像的信息量高,当用修改后的全色波段影像的灰度值替代 PC_1,再进行反变换得到增强后的多光谱波段影像,其信息量会受到损失。另外,尽管修改后的全色波段与 *PC* 变换第 1 主成分全局统计特征相似,但局部统计特征不相似,因此 *PC* 变换也会造成信息失真。总体上,它可以改进目视判读的效果,提高分类制图的精度[4]。

与 IHS、Brovey 方法的另一区别是,主成分可以一次融合多于三个波段的多光谱影像。

PCA 变换实例:TM + SPOT。

(1)待融合图像首先进行几何校正。校正好的图像要进行精确配准,要求误差在一个像素之内。

(2)计算 n 波段 TM 图像的相关矩阵 R_x。

(3)计算上述矩阵的特征值与各特征值对应的特征向量。

(4)将特征值按从大到小的顺序排序,相应的特征向量也要跟着变动,将最终的结果记为 $\lambda_1,\lambda_2,\cdots,\lambda_n,\varphi_1,\varphi_2,\cdots,\varphi_n$。

(5)计算各主分量 $pc_k=\sum_{i=1}^{n}x_i\varphi_{ik}$。

(6)将 SPOT 图像和第一主分量图像进行灰度直方图匹配,然后将第一主分量用 SPOT 图像替换。

(7)作逆主成分变换即得到融合后的图像。

§7.4　基于亮度调节的平滑滤波图像融合

基于亮度调节的平滑滤波(smoothing filter-based intensity modulation, SFIM)算法是 Liu J G. 于 2000 年提出来的,定义为[16]

$$IMAGE_{SFIM} = \frac{IMAGE_{low} \times IMAGE_{high}}{IMAGE_{mean}} \tag{7-4}$$

其中 $IMAGE_{low}$ 和 $IMAGE_{high}$ 分别为配准后的多光谱影像和全色影像对应像素的 DN 值。$IMAGE_{mean}$ 为全色影像通过均值滤波去掉其原全色影像的光谱和空间信息后得到的低频纹理信息影像。

由于 $IMAGE_{high}$、$IMAGE_{mean}$ 的商包含了全色影像中低频信息后剩余的高频信息,也就是说,该算法首先去除高分辨率影像的光谱和地形信息,然后将剩余的纹理信息直接添加到多光谱影像中[10]。由于在整个影像融合过程中,多光谱影像的光谱信息没有改变,也就是说,通过亮度调节融合的影像与高分辨率影像的光谱属性无关,所以 SFIM 算法能很好地保持原多光谱影像的光谱信息。

SFIM 融合通过平滑滤波将高分辨率的影像匹配到低分辨率影像的特点,与小波变换相似,但其算法的计算过程和计算时间比小波变换要显著简化。但是,SFIM 融合方法不适合融合物理特性不同多源影像,如光学影像和雷达影像[11]。

§7.5　Gram-Schmidt 光谱锐化图像融合

Gram-Schmidt 变换是线性代数和多元统计中常用的方法,它通过对矩阵或多维影像进行正交化从而可消除冗余信息[12]。与 PC 变换不同,Gram-Schmidt 变换产生的各个分量只是正交,各分量信息量没有明显的多寡区别。因此,Gram-Schmidt 变换主要特点是变换后的第 1 分量 GS_1 就是变换前的第 1 分量,其数值没有变化[13,14]。

Gram-Schmidt 融合的具体步骤见图 7-3。

Gram-Schmidt 变换的关键步骤如下:

使用多光谱低空间分辨率影像对高分辨波段影像进行模拟(图 7-3 注 1)。模拟的方法有以下两种[15-17]:

(1)将低空间分辨率的多光谱波段影像,根据光谱响应函数按一定的权重 w_i 进行模拟,即模拟的全色波段影像灰度值 $P = \sum_{1}^{k} w_i \times B_i$($B_i$ 为多光谱影像第 i 波段灰度值)。

(2)将全色波段影像模糊,然后取子集,并将其缩小到与多光谱影像相同的大小。模拟的高分辨率波段影像信息量特性与高分辨率全色波段影像的信息量特性比较接近。模拟的高分辨率波段影像在后面的处理中被作为 Gram-Schmidt 第 1 分量进行 Gram-Schmidt 变换。

因在 Gram-Schmidt 变换中第 1 分量 GS_1 没有变化(GS_1 就是变换前的第 1 分量),故模拟的高分辨率波段影像将被用来与高分辨率全色波段影像进行交换,这样可使信息失真少[10]。

利用模拟的高分辨率波段影像作为 Gram-Schmidt 变换第 1 个分量来对模拟的高分辨波

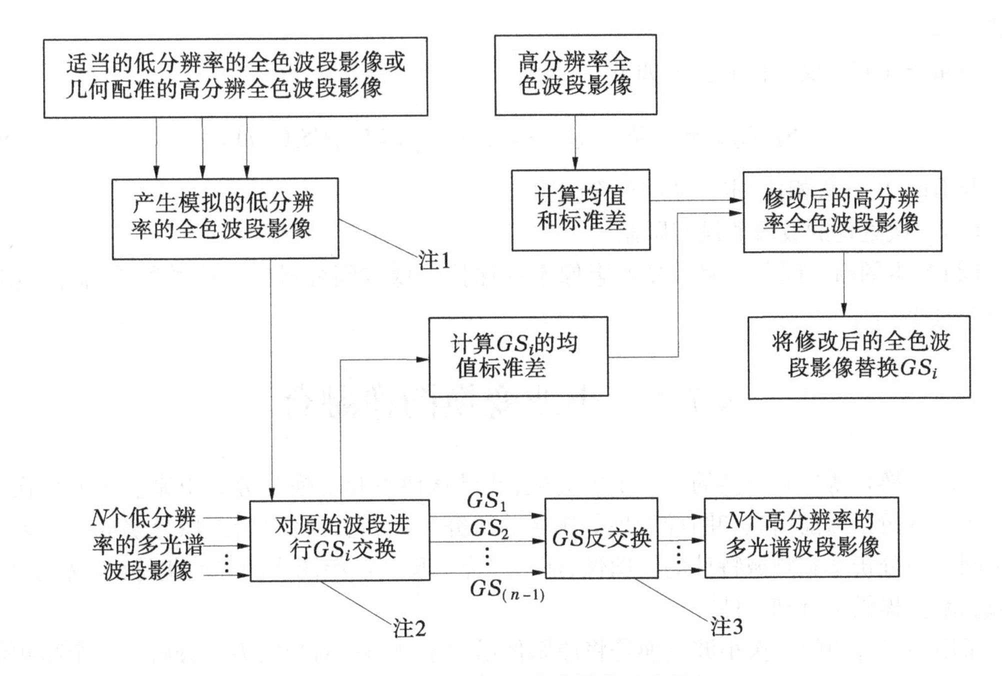

图 7-3　Gram-Schmidt 方法影像融合流程

段影像和低分辨率波段影像进行 Gram-Schmidt 变换(图 7-3 注 2)。

该算法在进行 Gram-Schmidt 变换时进行了修改,具体修改如下,即第 T 个 GS 分量由前 $T-1$ 个 GS 分量构造,即

$$GS_T(i,j) = [B_T(i,j) - u_t] - \sum_{t=1}^{T-1} \varphi(B_T, GS_1) \times GS_1(i,j) \tag{7-5}$$

其中:GS_T 是 GS 变换后产生的第 T 个分量;B_T 是原始多光谱影像的第 T 个波段影像;u_t 是第 T 个原始多光谱波段影像灰度值的均值[16]。

$$u_t = \frac{\sum_{j=1}^{C}\sum_{i=1}^{R} B_T(i,j)}{C \times R} \quad (均值) \tag{7-6}$$

$$\varphi(B_T, GS_1) = \left[\frac{\sigma(B_T, GS_1)}{\sigma(GS_1, GS_{T-1})^2}\right] \quad (协方差) \tag{7-7}$$

$$\sigma_T = \sqrt{\frac{\sum_{j=1}^{C}\sum_{i=1}^{R}[B_T(i,j) - u_t]}{C \times R}} \quad (标准差) \tag{7-8}$$

通过调整高分辨率波段影像的统计值来匹配 Gram-Schmidt 变换后的第 1 个分量 GS_1,以产生经过修改的高分辨率波段影像。修改方法如 IHS 中的修改方法。该修改有助于保持原始多光谱波段影像的光谱特征。

将经过修改的高分辨率波段影像替换 Gram-Schmidt 变换后的第 1 个分量,产生一个新的数据集。

将新的数据集进行反 Gram-Schmidt 变换(图 7-3 注 3),即可产生空间分辨率增强的多

光谱影像。

Gram-Schmidt 反变换的公式如下

$$\hat{B}_T(i,j) = (GS_T(i,j) + u_t) + \sum_{l=1}^{T-1} \varphi(B_T, GS_l(i,j)) \tag{7-9}$$

与 IHS、比值法相比,本算法有两个优点:

(1)一次处理的波段数没有限制。

(2)产生的高空间分辨率多光谱影像不仅保持了低空间分辨率光谱的特性,而且光谱信息失真小。

§7.6 小波变换图像融合

小波变换是傅里叶变换的一个重大突破,并已从傅里叶变换中分离出来。小波变换的多分辨率分析是当前信息和图像处理等领域的研究热点,它可将原始图像分解成一系列具有不同空间分辨率和频域特性的子图像,还可以充分反映原始图像的局域化特征,这就为遥感数据融合提供了有利条件[16]。

常用的二进制的一次小波变换是将原影像沿水平、竖直、对角线方向分解为三个高频信息和一个低频分量。二次小波变换即是在一次小波变换的基础上,将一次小波变换后的近似信号进行小波分解,分解成三个高频信息和一个近似信号,更高次的小波变换以此类推。基于小波变换的融合即是将多光谱影像替换全色影像经小波分解后的近似信号并进行小波重构就得到了小波融合影像。图 7-4 为小波融合原理图。

图 7-4 中(1)(2)(3)(4)分别表示直方图匹配、小波分解、波段替换、小波逆变换;R、G、B 分别表示多光谱影像的三个波段设置;上标 R、G、B 是指全色影像分别与 R、G、B 匹配后的小波分解影像。LLR 表示全色影像与 R 波段直方图匹配后的全色影像的低空间分辨率的近似影像;HHR、HLR、LHR 分别表示全色影像水平、竖直、对角线方向的相应的小波系数。

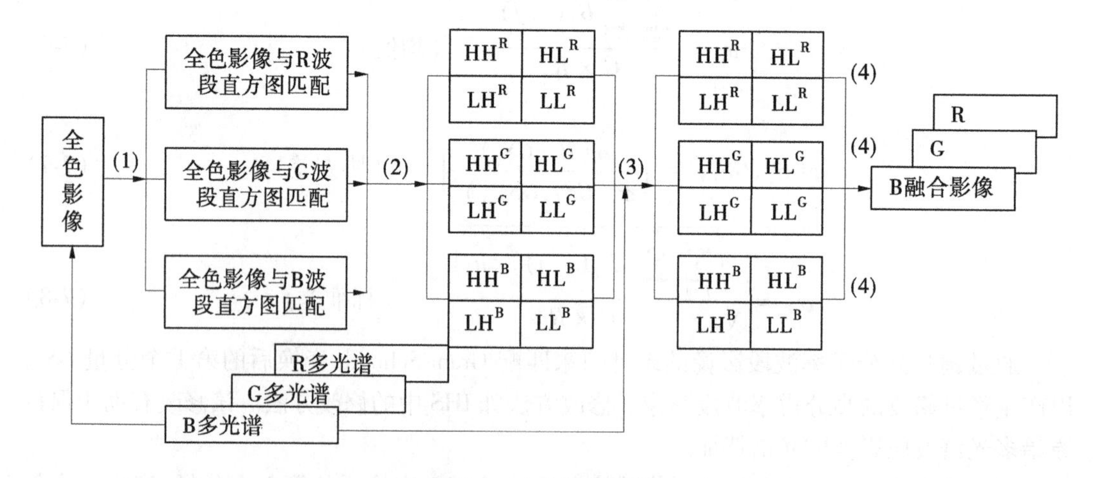

图 7-4 小波融合原理

由于小波的选择比较困难,因此对于不同数据类型的融合带来了一定的难度。

综上所述，本项目采用主成分法融合 ETM + 全色和多光谱影像，从而达到在提高影像空间分辨率的基础上尽可能多地保持其光谱信息，为矿产资源开发多目标遥感信息提取提供更为丰富的遥感信息。

§7.7 小 结

本章探讨了图像融合的一些经典算法，包括 IHS 变换图像融合、比值变换图像融合(Brovey)、主成分变换图像融合、基于亮度调节的平滑滤波图像融合、Gram-Schmidt 光谱锐化图像融合、小波变换图像融合算法，这些都是在图像处理过程中图像融合的常用经典算法，为后续对研究区域影像进行融合处理寻找合适的算法提供了依据。

第8章　基于亮度调节的平滑滤波图像融合获取矿区空间纹理信息

§8.1　图像融合前的准备

图像预处理是在图像融合前,对输入图像进行特征抽取、分割和匹配前所进行的处理。图像预处理的主要目的是消除图像中无关的信息,恢复有用的真实信息,增强有关信息的可检测性和最大限度地简化数据,从而改进图像融合的效果。预处理过程一般有数字化,平滑,复原和增强等步骤。根据所选用的图像传感器类型及图像融合的目标,对待融合图像进行预处理。主要包括以下几个方面[1]。

8.1.1　图像的数字化

一幅原始照片的灰度值是空间变量(位置的连续值)的连续函数。在 $M*N$ 点阵上对照片灰度采样并加以量化(归为 $2b$ 个灰度等级之一),可以得到计算机能够处理的数字图像。为了使数字图像能重建原来的图像,对 M、N 和 b 值的大小就有一定的要求。在接收装置的空和灰度分辨能力范围内,M、N 和 b 的数值越大,重建图像的质量就越好。

当取样周期等于或小于原始图像中最小细节周期的一半时,重建图像的频谱等于原始图像的频谱,因此重建图像与原始图像可以完全相同。由于 M、N 和 b 三者的乘积决定一幅图像在计算机中的存储量,因此在存储量一定的条件下,需要根据图像的不同性质选择合适的 M、N 和 b 值,以获取最好的处理效果。

8.1.2　图像的平滑

消除图像中随机噪声的技术。对平滑技术的基本要求是在消去噪声的同时不使图像轮廓或线条变得模糊不清。常用的平滑方法有中值法、局部求平均法和 k 近邻平均法。局部区域大小可以是固定的,也可以是逐点随灰度值大小变化的。

8.1.3　图像复原

校正各种原因所造成的图像退化,使重建或估计得到的图像尽可能逼近于理想无退化的像场。在实际应用中常常发生图像退化现象。例如大气流的扰动、光学系统的像差、相机和物体的相对运动都会使遥感图像发生退化。基本的复原技术是把获取的退化图像 $g(x,y)$ 看成是退化函数 $h(x,y)$ 和理想图像 $f(x,y)$ 的卷积。它们之间存在傅里叶变换关系。

根据退化机制确定退化函数后,就可从此关系式求出 $F(u,v)$,再用傅里叶反变换求出 $f(x,y)$。图像复原的代数方法是以最小二乘法最佳准则为基础。寻求一估值,使优度准则函数值最小。这种方法比较简单,可推导出最小二乘法维纳滤波器。当不存在噪声时,维纳滤波器成为理想的反向滤波器。

8.1.4 图像增强

对图像中的信息有选择地加强或抑制,以改善图像的视觉效果,或将图像转变为更适合于机器处理的形式,以便于数据抽取或识别。一个图像增强系统可以通过高通滤波器来突出图像的轮廓线。图像增强技术有多种方法,反差展宽、对数变换、密度分层和直方图均衡等都可用于改变图像灰度和突出细节。实际应用时往往要用不同的方法,反复进行试验才能达到满意的效果。

8.1.5 图像去噪

为提高融合图像的质量,根据各图像传感器采集到的图像的特点,进行图像去噪。传统的图像去噪声方法是空域滤波,常见的空域滤波器有均值滤波器、中值滤波器等。由于这些滤波方法以平滑数据的方式去除噪声,通常也会模糊数据本身。近年来出现了几种更有效的去噪声方法,在有效去除噪声的同时可以更好地保持图像的边缘信息。一些方法借鉴了偏微分方程的思想,还有一些方法利用了小波域隐马尔可夫模型。选择去噪声方法的思想是根据图像自身的特点,研究合适的图像去噪方法以及合适的参数进行图像去噪,能有利于后续处理。

8.1.6 图像配准

图像配准是在进行图像融合之前非常重要的一个步骤。图像配准是对来自同一场景的两幅或多幅图像,在空间位置上匹配其中对应于相同物理位置的像素点,这些图像可能来自不同时间或不同的视点位置、不同的传感器。对于图像融合而言,特别是像素级的融合方法要求待融合的图像已经配准。

一般的图像配准方式可分为以下几个步骤:

(1)特征提取。即决定用什么样的特征来匹配图像。常用的特征可以是图像本身,还有图像边缘、角点和区域等。需要考虑采用什么样的方法以及利用图像的哪些属性提取特征。

(2)相似性度量。相似性度量是度量图像之间的相似程度,它同特征选择紧密相关。常用的相似性度量有相关系数、交互信息量、欧式距离等。

(3)搜索空间。搜索空间是指存在什么类型的变换可以匹配两幅图像,它依赖于具体的应用领域,主要可以分为全局变换和局部变换。

(4)搜索策略。搜索策略是指如何在搜索空间中找到最佳的变换。常用的搜索策略有松弛迭代方法、动态规划方法等。

图像配准的常用方法有基于图像灰度的配准方法、基于图像特征的配准方法、基于区域互信息的特征级图像配准方法[2]。

图像配准应尽可能利用采集设备,争取在采集设备处达到较高的配准精度;然后根据待融合图像的特点,研究图像配准的技术与方法。

8.1.7 空间域图像增强[2]

增强的首要目标是处理图像,使其比原始图像更适合于特定应用:这里的“特定”很重要。例如,一种很适合增强 X 射线图像的方法,不一定是增强由空间探测器发回的火星图像的最好方法。图像增强的方法分为两大类:空间域方法和频域方法。“空间域”一词是指图像平面自身,这类方法是以对图像的像素直接处理为基础的。“频域”处理技术是以傅里叶变换为基础的。

图像增强的通用理论是不存在的。当图像为视觉解释进行处理时,由观察者最后判断特定方法的效果。图像质量的视觉评价是一种高度主观的过程,因此定义一个“理想图像”标准,通过这个标准去比较算法的性能。当为机器感知而处理图像时,这个评价任务就会容易一些。例如,在一个特征识别的应用中,不考虑像计算要求这些问题,最好的图像处理方法是一种能得到最好的机器可识别结果。可以把一个明确的性能标准加于这个问题的情况下,但在选择特定的图像增强方法之前,常常需要一个试验和误差的特定量。

8.1.7.1 某些基本灰度变换

以讨论灰度变换函数开始研究图像增强技术,这些都属于所有图像增强技术中最简单的一类。处理前后的像素值用 r 和 s 分别定义。由于处理的是数字量,变换函数的值通常储存在一个一维阵列中,并且从 r 到 s 的映射通过查表得到。对于 8 比特环境,一个包含 T 值的可查阅的表需要有 256 个记录。灰度变换显示了图像增强常用的三个基本类型函数:线性的(正比和反比)、对数的(对数和反对数变换)、幂次的(n 次幂和,次方根变换)。正比函数是最一般的,其输出亮度与输入亮度可互换,唯有它完全包括在图形中。

1. 图像反转

灰度级范围为[0,$L-1$]的图像反转可由示于图 8-1 的反比变换获得,表达式为

$$S = L_s - 1 - r \tag{8-1}$$

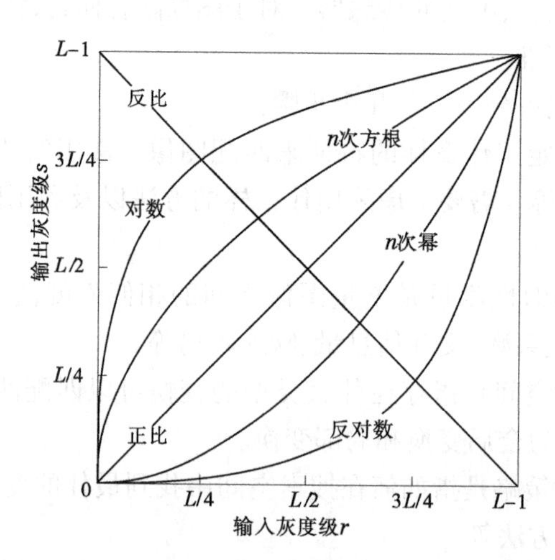

图 8-1 用于图像增强的某些基本灰度变换函数

用这种方式倒转图像的强度产生图像反转的对等图像。这种处理尤其适用于增强影像暗色区域的白色或灰色细节,特别是当黑色面积占主导地位时。

2. 对数变换

示于图 8-1 的对数变换的一般表达式为

$$s = c\lg(l + r) \tag{8-2}$$

其中 c 是一个常数，并假设 $r \geqslant 0$。此种变换使一窄带低灰度输入图像值映射为一宽带输出值。相对的是输入灰度的高调整值。可以利用这种变换来扩展被压缩的高值图像中的暗像素。相对的是反对数变换的调整值。如图 8-1 所示的一般对数函数的所有曲线都能完成图像灰度的扩散/压缩。不管怎样，对数函数有它重要的特征，就是它在很大程度上压缩了图像像素值的动态范围，其应用的一个典型例子就是傅里叶频谱，它的像素值有很大的动态范围。

3. 幂次变换

幂次变换的基本表达式为

$$y = cx^r + b$$

其中 c、r 均为正数。与对数变换相同，幂次变换将部分灰度区域映射到更宽的区域中。当$r = 1$时，幂次变换转变为线性变换。

(1) 当 $r < 0$ 时，变换函数曲线在正比函数上方。此时扩展低灰度级，压缩高灰度级，使图像变亮。这一点与对数变换十分相似。

(2) 当 $r > 0$ 时，变换函数曲线在正比函数下方。此时扩展高灰度级，压缩低灰度级使图像变暗。

8.1.7.2 分段线性变换函数

1. 对比拉伸

最简单的分段线性函数之一是对比拉伸变换。低对比度图像可由照明不足、成像传感器动态范围太小，甚至在图像获取过程中透镜光圈设置错误引起。对比拉伸的思想是提高图像处理时灰度级的动态范围。

图 8-2 是对比拉伸的典型变换。点(r_1, s_1)和点(r_2, s_2)的位置控制了变换函数的形状。如果 $r_1 = s_1$，且 $r_2 = s_2$，变换为一线性函数，它产生一个没有变化的灰度级。若 $r_1 = s_2, s_1 = 0$，且 $s_2 = L - 1$，变换变为阈值函数，并产生二值图像，如图 8-2(b) 所示。点(r_1, s_1)和点(r_2, s_2)的中间值将产生输出图像中灰度级不同程度的展开，因而影响其对比度。一般情况下，假定 $r_1 \leqslant r_2$ 且 $s_1 \leqslant s_2$，函数则为单值单调增加。这样将保持灰度级的次序，因此避免了在处理过的图像中产生人为强度。

2. 灰度切割

在图像中提高特定灰度范围的亮度通常是必要的，其应用包括增强特征(如卫星图像中大量的水)和增强 X 射线图中的缺陷。有许多方法可以进行灰度切割，但是它们中的大多数是两种基本方法的变形。其一就是在所关心的范围内为所有灰度指定一个较高值，而为其他灰度指定一个较低值。如图 8-3 所示灰度切割图像，8-3(a) 所示这个变换产生了一个二进制图像；基于如图 8-3(b) 所示变换的第二种方法使所需范围的灰度变亮，但是仍保持了图像的背景和灰度色调；图 8-3(c) 表示一个灰度图像；图 8-3(d) 表示使用了图 8-3(a) 的变换后的结果。

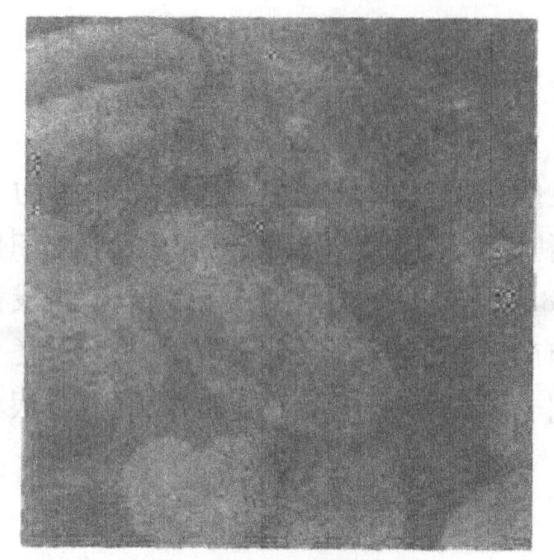

(a) 低对比度图像

(b) 对比度拉伸的结果

图 8-2　对比拉伸的典型变换

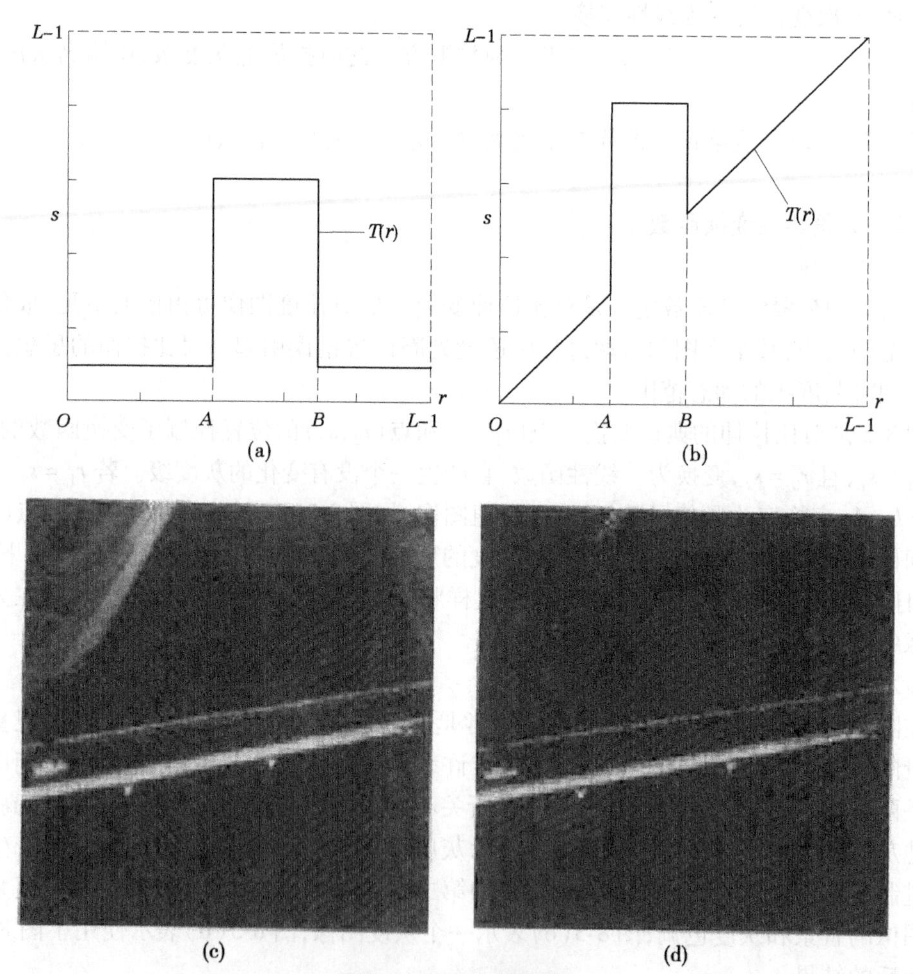

图 8-3　灰度切割图像

8.1.7.3 直方图处理

灰度级为[0,$L-1$]范围的数字图像的直方图是离散函数$h(r_k)=n_k$，这里r_k是第k级灰度，n_k是图像中灰度级为r_k的像素个数。经常以图像中像素的总数(用n表示)来除它的每一个值得到归一化的直方图。因此，一个归一化的直方图由$P(r_k)=n_k/n$给出，这里$k=0,1,2,\cdots,L-1$。简单地说，$P(r_k)$给出了灰度级为r_k发生的概率估计值。注意，一个归一化的直方图其所有部分之和应等与1。

直方图是多种空间域处理技术的基础。直方图操作能有效地用于图像增强，因此它们成为了实时图像处理的一个流行工具。如图8-4所示是四个基本图像类型。

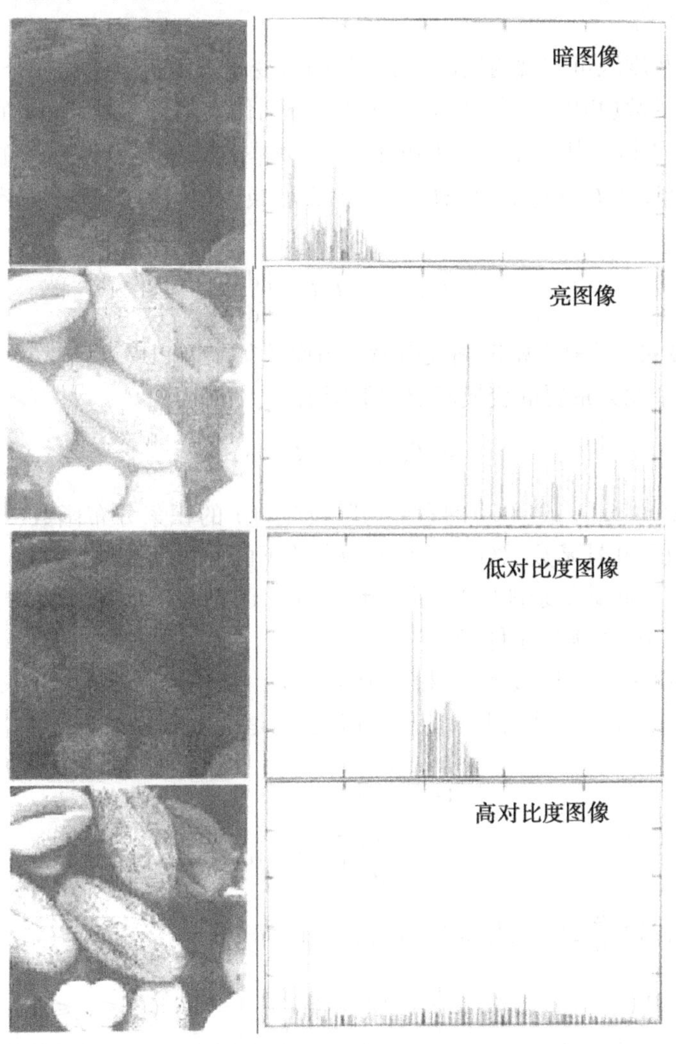

图8-4 四个基本图像类型——暗、亮、低对比度和高对比度以及与它们相对应的直方图

8.1.7.4 直方图均衡化

考虑连续函数并且让变量r代表待增强图像的灰度级。假设r被归一化到区间[0,1]且$r=0$表示黑色及$r=1$表示白色。然后，考虑一个离散公式并允许像素值在区间[0,$L-1$]内。

对于任一个满足上述条件的 r，我们将注意力集中在变换形式上：

$$S = T(r) \qquad 0 \leqslant r \leqslant 1 \tag{8-3}$$

在原始图像中，对于每一个像素值 r 产生一个灰度值 s。显然，可以假设变换函数 $T(r)$ 满足以下条件：

①$T(r)$ 在区间 $0 \leqslant r \leqslant 1$ 中为单值且单调递增。

②当 $0 \leqslant r \leqslant 1$ 时，$0 \leqslant T(r) \leqslant 1$。

条件(1)中要求 $T(r)$ 为单值是为了保证反变换存在，单调条件保持输出图像从黑到白顺序增加。变换函数不单调增加将导致至少有一部分亮度范围被颠倒，从而在输出图像中产生一些反转灰度级。

一幅图像的灰度级可被视为区间[0,1]的随机变量。随机变量的一个最重要的基本描述是其概率密度函数(PDF)。令 $P_r(r)$ 和 $P_s(s)$ 分别代表随机变量 r 和 s 的概率密度函数。此处带有下标的 P_r 和 P_s 用于表示不同的函数。由基本概率理论得到一个基本结果：如果 $P_r(r)$ 和 $T(r)$ 已知，且 $T^{-1}(s)$ 满足条件(1)，那么变换变量 s 的概率密度函数 $P_s(s)$ 可由以下简单公式得到

$$P_s(s) = P_r(r)\left|\frac{\mathrm{d}r}{\mathrm{d}s}\right| \tag{8-4}$$

因此，变换变量 s 的概率密度函数由输入图像的灰度级 PDF 和所选择的变换函数决定。在图像处理中一个尤为重要的变换函数如下所示：

$$s = T(r) = \int_0^r P_r(\omega)\mathrm{d}\omega \tag{8-5}$$

其中 ω 是积分变量。式(8-5)的右部为随机变量 r 的积累分布函数(CDF)。因为概率密度函数永远为正，并且函数积分是一个函数曲线下的面积，所以它遵循该变换函数是单值单调增加的条件，因此满足条件(1)。类似地，区间[0,1]上变量的概率密度函数的积分也在区间[0,1]上，因此也满足条件(2)。

给定变换函数 $T(r)$，通过式(8-4)得到 $P_s(s)$。从基本微积分学(莱布尼茨准则)知道，上限的定积分的导数就是该上限的积分值，也就是说

$$\begin{aligned}\frac{\mathrm{d}s}{\mathrm{d}r} &= \frac{\mathrm{d}T(r)}{\mathrm{d}r} \\ &= \frac{\mathrm{d}}{\mathrm{d}r}\left[\int_0^r p_r(\omega)\mathrm{d}\omega\right] = P_r(r)\end{aligned} \tag{8-6}$$

用这个结果代替 $\frac{\mathrm{d}s}{\mathrm{d}r}$，代入式(8-6)，取概率值为正，得到

$$P_s(s) = P_r(r)\left|\frac{\mathrm{d}r}{\mathrm{d}s}\right| = P_r(r)\left|\frac{1}{P_r(r)}\right| = 1 \quad (0 \leqslant s \leqslant 1) \tag{8-7}$$

因为 $P_s(s)$ 是概率密度函数，在这里可以得出，区间[0,1]以外它的值为0，这是因为它在所有 s 值上的积分都等于1。

8.1.7.5 直方图匹配

直方图均衡化能自动地确定变换函数，该函数寻求产生有均匀直方图的输出图像。当需要自动增强时，这是一个好方法，因为由这种技术得到的结果可预知，并且这种方法操作简单。有一些应用均匀直方图的增强并不是最好的方法。尤其是，有时可以指定希望处理的图像所

具有的直方图形状。这种用于产生处理后有特殊直方图的图像的方法,称为直方图匹配。

连续灰度级 r 和 z(看作连续随机变量),令 $P_r(r)$ 和 $P_z(z)$ 为它们对应的连续概率密度函数。在这里,r 和 z 分别代表输入和输出(已处理)图像的灰度级。从输入图像估计 $P_r(r)$,而 $P_z(z)$ 为希望输出图像具有的规定概率密度函数。

令 s 为一随机变量,且有

$$s = T(r) = \int_0^r P_r(\omega)\,\mathrm{d}\omega \tag{8-8}$$

其中 ω 为积分变量。然后假设定义随机变量 z,且有

$$G(z) = \int_0^z P_t(t)\,\mathrm{d}t = s \tag{8-9}$$

其中 t 为积分变量。由这两个等式可得到 $G(z) = T(r)$,因此 z 必须满足条件:

$$z = G^{-1}(s) = G^{-1}[T(r)] \tag{8-10}$$

但在实践中得到 G^{-1} 和 $T(r)$ 却不太可能。幸运的是,在离散情况下,这一问题在相当大的程度上被简化了。付出的代价与直方图均衡化是相同的,这里仅仅所希望的直方图近似是可以获得的。然而,尽管如此,即使用很粗糙的近似也可以得到非常有用的结果。

8.1.7.6 局部增强

前面讨论的直方图处理方法是全局性的,在某种意义上,像素是被基于整幅图像灰度满意度的变换函数所修改的。这个全局方法适用于整个图像的增强,但有时对图像小区域细节的局部增强也仍然是适用的。在这些区域中像素数在全局变换的计算中可能被忽略,因为它们没有必要确保局部增强。解决的方法就是在图像中每一个像素的邻域中,根据灰度级分布(或其他特性)设计变换函数。

描述的直方图处理技术很容易适应局部增强,该过程定义一个方形或矩形的邻域并把该区域的中心从一个像素移至另一像素。在每一个位置的邻域中该点的直方图都要被计算,并且得到的不是直方图均衡化就是规定化变换函数。这个函数最终被用来映射邻域中心像素的灰度。然后相邻区域的中心被移至相邻像素位置并重复这个处理过程。当对某区域进行逐像素转移时,由于只有邻域中新的一行或一列改变,所以可以在每一步移动中以新数据更新前一个位置获得的直方图。这种方法相比邻域每移动一个像素就对基于所有像素的直方图进行计算,有明显的优点。有时使用非重叠区域是减少计算量的另一种方法。图 8-5为图像均衡化的结果。

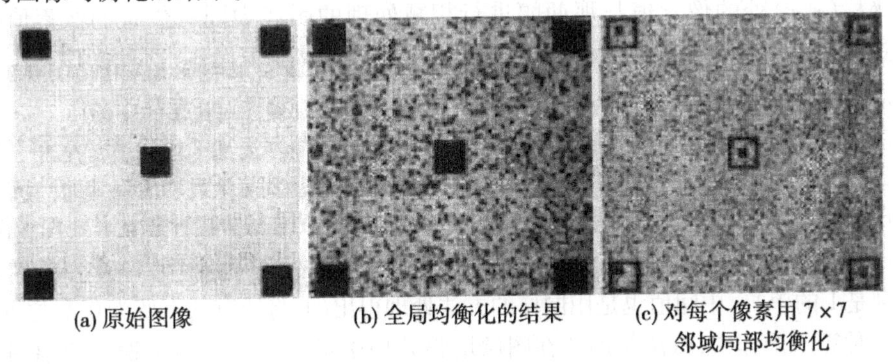

(a) 原始图像　(b) 全局均衡化的结果　(c) 对每个像素用 7×7 邻域局部均衡化

图 8-5　图像均衡化的结果

8.1.7.7 在图像增强中使用直方图统计学

尽管可以直接使用直方图对图像进行增强，但是也可以使用直接从直方图获得的统计参数。令 r 表示在区间$[0,L-1]$上代表离散灰度的离散随机变量，并且令 $P(r_i)$ 代表对应于 r 的第 i 个值的归一化直方图分量。可以把 $P(r_i)$ 看作灰度级 r_i 出现的概率估计值，r 的第 n 个矩的平均值定义如下：

$$\mu_n(r) = \sum_{i=0}^{L-1}(r_1 - m)^n P(r_i) \tag{8-11}$$

此处 m 是 r 的平均值（其灰度级均值）：

$$m = \sum_{i=0}^{L-1} r_i P(r_i) \tag{8-12}$$

对图像增强，我们考虑平均值和方差的两种用途。全局平均值和方差是对整幅图像进行度量，并对整幅图像强度和对比度的初步粗调整。这两种方法更强大的应用是在局部增强中，这里局部平均值和方差被用作实施改变的基础，而这种改变依靠图像中对每个像素预先定义的区域的图像特性。

令(x,y)为某一图像中像素的坐标，令 S_{xy} 表示一确定大小的邻域（子图像），其中心在(x,y)。根据式(8-12)在 S_{xy} 中像素的平均值 $m_{S_{xy}}$ 能以下式计算：

$$m_{S_{xy}} = \sum_{(s,t)\in S_{xy}} r_{s,t} P(r_{s,t}) \tag{8-13}$$

此处 $r_{s,t}$ 是在邻域中坐标(s,t)处的灰度，且 $P(r_{s,t})$ 是与灰度值对应的邻域归一化直方图分量。类似地，区域 S_{xy} 中像素的灰度级方差由下式给出：

$$\sigma^2_{S_{xy}} = \sum_{(s,t)\in S_{xy}} [r_{s,t} - m_{S_{xy}}]^2 P(r_{s,t}) \tag{8-14}$$

局部平均值是对邻域 S_{xy} 中的平均灰度值的度量，方差（或标准差）是邻域中对比度的度量。在图像处理中使用局部平均值和方差的一个重要特点是提供了开发简单且功能强大的增强技术的灵活性，这种技术基于可预测的且与图像外观相近的统计度量。我们将通过例子说明这些性质。

8.1.7.8 用算术/逻辑操作增强

图像中的算术/逻辑操作主要以像素对像素为基础在两幅或多幅图像间进行（其中不包含逻辑“非”操作，它在单一影像中进行）。例如，两幅图像相减产生一幅新图像，这幅新图像在坐标(x,y)处的像素值与那两幅进行相减处理的图像中同一位置的像素值有所不同。通过使用硬件和软件，就可以实现对图像像素的算术/逻辑操作，这种操作可以一次处理一个点，也可以并行进行，即全部操作同时进行。

对图像的逻辑操作同样也是基于像素的。我们关心的只是“与”“或”“非”逻辑算子的实现，这三种逻辑算子完全是函数化的。换句话说，任何其他的逻辑算子都可以由这三个基本算子来实现。当对灰度级图像进行逻辑操作时，像素值作为一个二进制字符串来处理。例如，对一个 8 比特的黑色像素值(8 个比特都是 a 的串)进行“非”处理就会产生一个白色像素值(8 个比特都是 1 的串)。中间值也是用同样的方法处理得出的：将所有的 1 变为 0，反之亦然。

在四种算术操作中，减法与加法在图像增强处理中最为有用。简单地把两幅图像相除看作用一幅的取反图像与另一幅图像相乘。除用一个常数与图像相乘以增加其平均灰度的操作外，图像乘法主要用于比前边讨论的逻辑模板处理更为广泛的模板操作增强处理。换句话说,用一幅图像去乘另一幅图像可直接用于灰度处理,而不仅仅是对二进码模板处理。

1. 图像减法处理

两幅图像 $f(x,y)$ 与 $h(x,y)$ 的差异表示为

$$g(x,y) = f(x,y) - h(x,y) \tag{8-15}$$

图像的差异是通过计算这两幅图像所有对应像素点的差而得出的。减法处理最主要的作用就是增强两幅图像的差异。一幅图像的高阶比特面会携带大量的可见相关细节,低阶比特面则分布着一些细小的细节(通常是感觉不到的)。这两幅图像在视觉上几乎完全一样,灰度值存在极小的变化而使整个对比度稍微有所下降。

2. 图像平均处理

考虑一幅将噪声 $\eta(x,y)$ 加入原始图像 $f(x,y)$ 形成带有噪声的图像 $g(x,y)$,即

$$g(x,y) = f(x,y) + \eta(x,y) \tag{8-16}$$

这里假设每个坐标点上(x, y)的噪声都不相关且均值为零。我们处理的目标就是通过人为加入一系列噪声图像$\{g_i(x,y)\}$来减少噪声。

如果噪声符合上述限制,对 K 幅不同的噪声图像取平均形成图像 $\bar{g}(x,y)$:

$$\bar{g}(x,y) = \frac{1}{k}\sum_{k=1}^{k} g_t(x,y) \tag{8-17}$$

则

$$E\{\bar{g}(x,y)\} = f(x,y) \tag{8-18}$$

$$\sigma^2_{\bar{g}(x,y)} = \frac{1}{k}\sigma^2_{\eta(x,y)} \tag{8-19}$$

其中,在所有坐标点(x,y)上,$E\{\bar{g}(x,y)\}$ 是 $\bar{g}$ 的期望值,$\sigma^2_{\bar{g}(x,y)}$ 与 $\sigma^2_{\eta(x,y)}$ 分别是 $\bar{g}$ 与 η 的方差。在平均图像中任何一点的标准差为

$$\sigma_{\bar{g}(x,y)} = \frac{1}{\sqrt{k}}\sigma_{\eta(x,y)} \tag{8-20}$$

当 K 增加时,在各个(x,y)位置上像素值的噪声变化率将减小。因为 $E\{\bar{g}(x,y)\} = f(x,y)$,这就意味着随着在图像均值处理中噪声图像使用量的增加,$\bar{g}(x,y)$ 越来越趋近于 $f(x,y)$。在实际应用中,为了防止在输出图像中引入模糊及其他人为因素,图像 $g_i(x,y)$ 必须被匹配。

§8.2 基于 SFIM、Gram-Schmidt 融合方法获取矿区空间纹理信息

8.2.1 遥感影像几何纠正

由于传感器成像方式、遥感平台运动变化、地球旋转、地形起伏、地球曲率、大气折射等因素的影响,遥感影像不可避免地存在几何误差。为了建立遥感信息与地理信息系统或空间决策支持系统中的其他空间专题信息之间的联系,从遥感影像中提取精确的距离、多边形面积以及方向(方位)等信息,就需要对遥感影像进行几何纠正预处理[17]。

几何纠正(Geometric Rectification)的目的就是纠正遥感影像的系统及非系统误差引起

的遥感影像几何畸变,从而达到与标准影像或地图在几何上的一致。实际上,几何纠正过程就是建立遥感影像像元坐标(影像坐标)与地物地理坐标(地图坐标)之间的对应关系的过程,该过程可以分为几何粗纠正和几何精纠正。几何粗纠正主要是针对引起畸变的因素进行的纠正,而几何精纠正则是利用控制点进行的,用一种数学模型来近似描述遥感影像的几何畸变过程;然后利用畸变的遥感影像与标准地图或已经过纠正的标准影像之间的一些对应点(控制点点对)求得这个几何畸变模型;最后利用该模型对遥感影像进行纠正,它并不考虑引起几何畸变的原因。遥感影像几何纠正的一般步骤包括选择纠正方法、几何粗纠正、几何精纠正和精度分析验证[18]。

8.2.1.1 选择纠正方法

在进行几何纠正时,首先需要根据影像中几何误差的性质和可用于几何纠正的数据,选择几何纠正的方法。一般来讲,对系统误差需要具体情况具体分析,需要根据不同的变形类型选择不同的数学模型。去除系统几何误差后的影像仍然还残留非系统性几何变形,需要对影像进行几何精纠正。此时需要根据研究目的和各种算法方案的特点来选择合适的重采样和灰度插值方案。

8.2.1.2 几何粗纠正[18]

几何粗纠正仅对遥感影像进行系统误差改正,这种改正是将与传感器构造有关的校准数据如焦距等,以及传感器姿态等参数代入理论纠正公式来实现的。

几何粗校正时,根据卫星轨道公式将卫星的位置、姿态、轨道及扫描特征作为时间函数加以计算,用于确定每条扫描线上的像元坐标。这里分别针对成像几何条件、地球自转、地形起伏、地球曲率、大气折射等因素引起的几何变形。

1.传感器成像方式几何变形纠正

传感器的几何成像方式主要有中心投影、全景投影、斜距投影以及平行投影等,在地面平坦的地区,竖直的中心投影和平行投影都不产生几何变形,其影像常可作为基准影像。全景投影及斜距投影所获取的影像都有几何变形,其变形规律通过与基准影像的比较来确定,斜距投影类型传感器通常指侧视雷达。

在扫描成像过程中,扫描镜沿着扫描行方向以一定的时间间隔进行采样,采样所对应的实际地面宽度会随着扫描角的大小而变化,从而引起全景变形。图 8-6 给出的是地面方格成像后的变形状况。从图 8-6 可以看出,扫描视场角越大,越接近扫描行两端,每个像元所代表的地面宽度越大,成像比例尺相应缩小,变形就越大。红外机械扫描仪和 CCD 直线阵列为探测器的推扫式传感器所成的影像就含有全景畸变。

全景投影的影像面不是一个平面,而是一个圆柱面,相当于全景摄影的投影面,称为全景面,全景投影示意图如图 8-7 所示。全景投影变形公式为

$$dy = y'_p - y_p = f(\theta - \tan\theta) \tag{8-21}$$

侧视雷达属斜距投影类型传感器,S 为雷达天线中心,S_y 为雷达成像面,地物点 P 在斜距投影图像上的图像坐标为 y_p,它取决于斜距 R_p 以及成像比例 λ。图 8-8 所示为斜距投影示意图[18]。

$$\frac{r_p}{R_p} = \frac{f}{H} \tag{8-22}$$

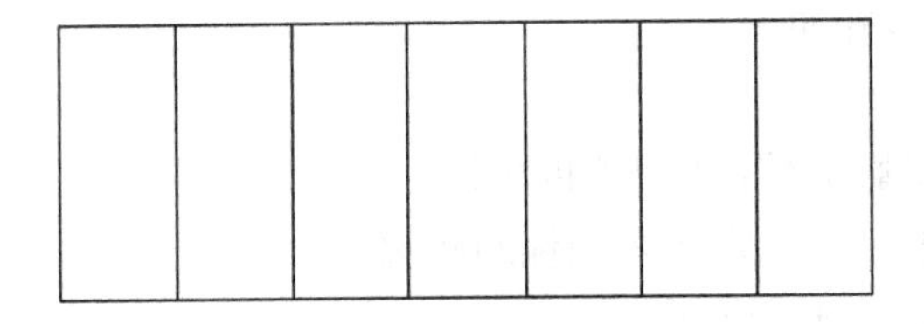

(a)无变形的图形

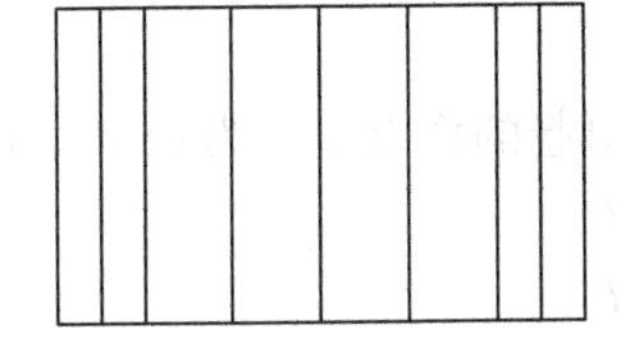

(b)全影投影变形图形

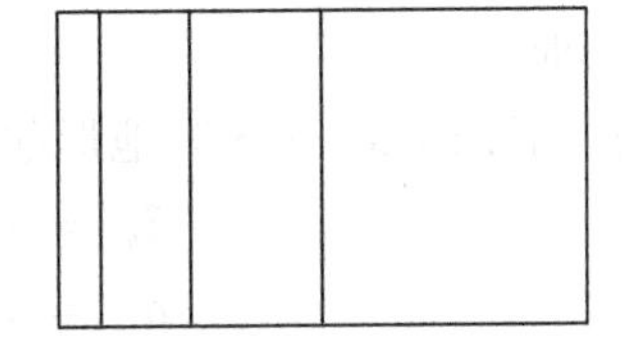

(c)斜距投影变形图形

图 8-6　全景投影、斜距投影变形的结果

$$y_p = r_p = f\frac{R_p}{H} = f\sec\theta \tag{8-23}$$

$$y'_p = f\tan\theta \tag{8-24}$$

$$\mathrm{d}y = y_p - y'_p = f(\sec\theta - \tan\theta) \tag{8-25}$$

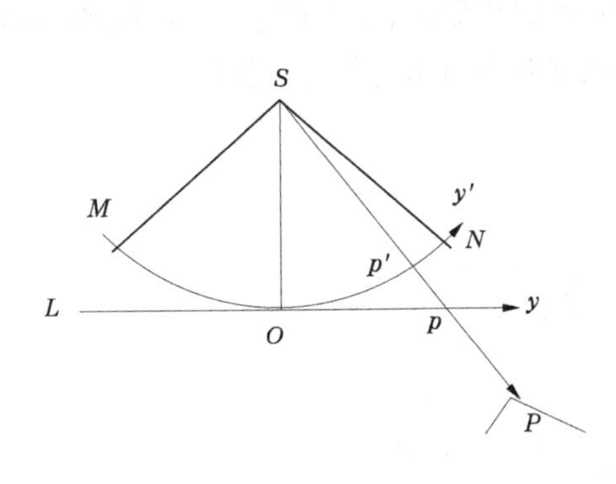

图 8-7　全景投影示意图

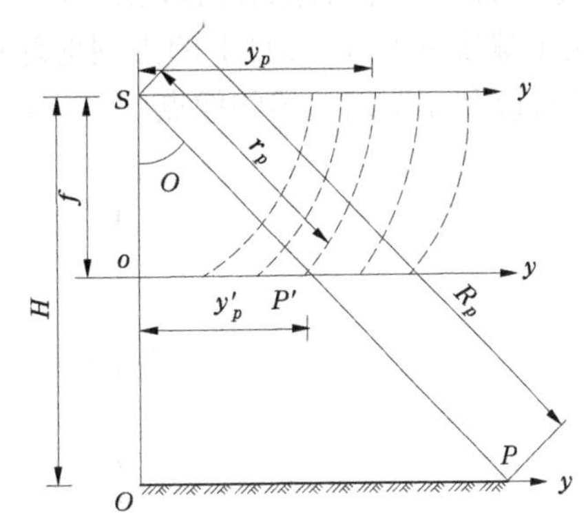

图 8-8　斜距投影示意图

2. 地球自转引起的影像偏斜纠正[18]

对于常规框幅摄影机而言，整景影像是瞬间曝光一次成像的，所以地球自转不会引起影像畸变。但对那种动态传感器，特别是太阳同步卫星遥感平台上的传感器而言，地球自转就会使其影像产生几何畸变。

地球绕自转轴每 24 小时自西向东旋转一周。当太阳同步卫星如 Landsat 由北向南在固定轨道上获取影像时，由于地球绕轴自转和卫星固定轨道之间的相互作用，使所获取影像存在由地球自转引起的影像畸变——向东偏斜一个可预测的量。该类型几何畸变属于系统误差，可以建立相应的数学模型对其进行纠正，将影像中的像元向西做系统的位移调整，从而改正一幅影像中像元之间的相对位置。像元向西的位移量是卫星和地球相对速度以及影像框幅长度的函数。

几何偏斜纠正的一般步骤如下：

(1)计算地表线速度。

(2)确定卫星采集一景影像数据所需的时间。

(3)根据不同地理纬度区域确定向东的偏斜距离。

3. 地形起伏引起的几何变形纠正[18]

由地面起伏引起的像点位移，当地形有起伏时，对于高于或低于某一基准面的地面点，其在像片上的像点与其在基准面上垂直投影点在像片上的构像点之间有直线位移。

(1)中心投影情形时

在垂直摄影的条件下，$\varphi=\omega=\kappa\approx0$，地形起伏引起的像点位移为 $\delta_h=r_h/H$

$$\begin{aligned}\delta_{hx}&=x_h/H\\ \delta_{hy}&=y_h/H\end{aligned} \tag{8-26}$$

其中 x、y 为地面点对应的像点坐标，δ_{hx}、δ_{hy} 为由地形起伏引起的在 x、y 方向上的像点位移。

(2)推扫式成像情形时

由于 $x=0$，$\delta_{hx}=x_h/H=0$；而在 y 上方有：$\delta_{hy}=y_h/H$ 即投影差只发生在 y 方向(扫描方向)。

4. 地球曲率引起的影像畸变纠正

地球曲率引起的像点位移(见图8-9)与地形起伏引起的像点位移类似。只要把地球表面(把地球表面看成球面)上的点到地球切平面的正射投影距离看作是一种系统的地形起伏，就可以利用前面介绍的像点位移公式来估计地球曲率所引起的像点位移。

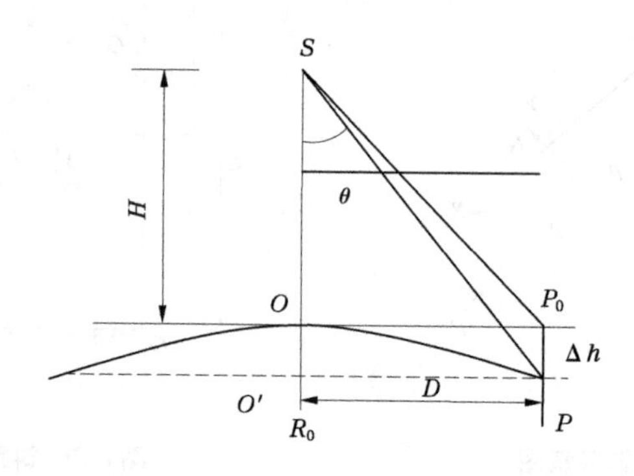

图8-9　地球曲率引起图像变形示意图

地球曲率对中心投影影像的变形公式为

$$\begin{bmatrix}h_x\\ h_y\end{bmatrix}=\begin{bmatrix}-\Delta h_x\\ -\Delta h_y\end{bmatrix}=-\frac{1}{2R}\begin{bmatrix}D_x^2\\ D_y^2\end{bmatrix}=\frac{1}{2R_0}\cdot\frac{H^2}{f^2}\begin{bmatrix}x^2\\ y^2\end{bmatrix} \tag{8-27}$$

式中：$D_x=X_p-X_s$；$D_y=Y_p-Y_s$；$H=-(Z_p-Z_s)$。

地球曲率对线阵列推扫式传感器全景投影影像的变形影响为

$$h_x = 0$$

$$h_y = -\frac{H^2 y^2}{2R_0 f^2} = H^2 \frac{\tan^2 \frac{y'}{f}}{2R_0} \tag{8-28}$$

式中：y 为等效中心投影影像坐标；y'为全景影像坐标。

5. 大气折射引起的影像畸变纠正[18]

大气层不是一个均匀的介质，它的密度是随离地面高度的增加而递减，因此电磁波在大气层中传播时的折射率也随高度而变化，使得电磁波的传播路径不是一条直线而变成了曲线，从而引起像点的位移，这种像点位移就是大气层折射的影响。

8.2.1.3 几何精纠正

用于1:25万尺度调查的四类遥感数据（ETM +、ASTER、CBERS－2、北京一号）均经过系统粗纠正，仍包含严重的几何畸变。几何精纠正的目的就是要纠正系统或者非系统性因素引起的图像形变，从而使之实现与标准图像或地图的几何整合。一般地，需要根据传感器特点、可用的纠正数据、图像的应用目的确定合适的几何方法。本项目遥感图像几何精纠正分别以地形图为参考及纠正后影像为参考。具体地，以1:10万地形图为参考纠正ETM +数据，以精纠正后的ETM +数据为参考纠正ASTER、CBERS－2、“北京一号”多光谱数据，这样既保证了纠正精度，又尽可能地保证了历史数据与现状数据空间效应的一致性。

1. ETM +数据几何精纠正

1）地面控制点（GCP）的选取原则

地面控制点的选取是几何精纠正中最重要的一步，控制点选择的数量、精度、分布均会直接影响几何精纠正的效果。鉴于工作区山区面积较大，并涉及三峡库区，其水位和淹水面积变化巨大，选取控制点时宜遵循以下原则：

（1）尽量选取地面上不随时间而变化的地物作为控制点，如避免选取河流作为控制点。

（2）尽量选取图像上有明显的、清晰的定位识别标志，如道路交叉点、建筑物边界、桥梁等作为控制点。

（3）保证每景影像所选控制点不少于16个，并且均匀地分布在工作区内。

2）纠正模型选取与重采样

确定完控制点及影像与地形图的坐标读取完成后，即该选择合适的数学纠正模型，建立图像坐标（x,y）与其参考坐标（X,Y）之间的关系式。此处采用多项式纠正模型，其基本原理为：以若干控制点为已知点，采用最小二乘拟合，建立图像坐标与参考坐标的拟合方程，将遥感图像坐标配准到需要的坐标系下。配准精度取决于控制点的选择精度和拟合方程的精度。可以用均方根误差来检查控制点的误差状况。分别对4景ETM +数据采用了二次多项式拟合纠正模型，选取立方卷积方法进行重采样。计划项目要求纠正误差不大于图上距离0.5 mm，即在1:25万尺度下几何最大误差为125 m，几何纠正中误差为0.22 mm，故ETM +几何纠正误差范围满足质量控制要求。

2. ASTER、CBERS－2和“北京一号”多光谱数据几何精纠正

以精纠正后的ETM +为参考数据，采用上述纠正模型和重采样方法纠正CBERS－2、“北京一号”，误差范围在0.3～109.67 m，CBERS－2几何纠正的中误差为0.29 mm，“北京一号”几何纠正的中误差为0.34 mm，同样满足计划项目的质量控制要求。

8.2.2 图像的镶嵌[18]

为获取工作区完整的历史与现状调查数据源,必须对几何精纠正后的4景ETM+数据和11景CBERS-2数据进行镶嵌。

遥感图像镶嵌主要涉及两个问题:几何匹配和色调匹配。由于前面几何精纠正效果很好,经检验可知,无论是ETM+还是CBERS-2均不用再做几何匹配。

两类图像均为不同时相的多景数据,镶嵌过程中需要做图像间的亮度匹配。亮度值匹配是通过对图像的均值和方差进行调整,使图像间的灰度分布趋于一致,从而达到消除或者减小图像亮度值差异的目的。此处采用的亮度值匹配方法原理如下:针对图像的重叠区,分别求出各自的均值和方差,然后指定亮度色相较好的为参考图像,对另一幅图像进行变换,使平均值和方差与参考图像一致。计算公式如下:

$$I'_b = \frac{\sigma_a}{\sigma_b}(I_b - \bar{I}_b) + \bar{I}_a \tag{8-29}$$

式中 I'_b——变换后 b 图像的灰度值;

I_a、I_b——图像 a、b 变换前的灰度值;

$\bar{I}_a$、I'_b 和 σ_a、σ_b——图像 a、b 的均值和方差。

$$\bar{I}_a = \sum \frac{I_a}{n} \tag{8-30}$$

$$\bar{I}_b = \sum \frac{I_b}{n} \tag{8-31}$$

$$\sigma_a = \sum \frac{(I_a - \bar{I}_a)^2}{n} \tag{8-32}$$

$$\sigma_b = \sum \frac{(I_b - \bar{I}_b)^2}{n} \tag{8-33}$$

接缝是否明显是衡量图像镶嵌的重要标准之一。为了使镶嵌后的接缝效应减小到最低限度,采用人机交互的方法,遵循亮度差最小的原则,在图像重叠区域寻找拼接点,原则是[18]:

(1)尽量避开亮度值差异明显的地物类型。

(2)尽量避免将同一面积较大的地物分割,如水库、大块农田等。

(3)尽量避免分割长度较长的线状地物。

尽管对图像亮度值进行了匹配,但是相邻图像仍会或多或少地存在亮度差别,可用亮度圆滑的方法进一步消除,其基本原理如下:在拼接点两侧某一邻域内,取两幅图像亮度的加权平均值作为新的亮度值,加权系数在两幅图像间成反向线形变化,公式为

$$I = \frac{1}{W}[iI_2 + (W + i)I_1] \quad (0 \leqslant i \leqslant w - 1) \tag{8-34}$$

式中 I——经亮度圆滑后得到的像元亮度值;

W——亮度圆滑区的宽度;

I_1——第一幅图像像元亮度值;

I_2——第二幅图像像元亮度值。

亮度圆滑可以进一步消除拼接点附近的亮度差异,但是对于本子工作项目来说,由于

ETM + 和 CBERS - 2 均为多景时相差较大镶嵌而成，因此仍存在不同程度的色调差异问题，在后续影像图制作的过程中采用了 Photoshop 软件再次对整个工作区影像进行了色调调整。结果表明，ETM + 数据获取时间因季节差异较小，所以镶嵌的效果较好，肉眼难以辨别拼接线，CBERS - 2 则相反。

8.2.3　遥感影像辐射定标

准确地提取影像中的光谱信息关键是建立遥感信息应用模型。这是一项既具基础理论性意义又具有实际应用价值的重要内容。然而，传感器本身的响应特性、大气散射和吸收、光照条件、地物本身的反射或发射特性、地形坡度坡向等因素的影响，都会导致传感器接收的信号与地物的实际光谱之间存在辐射误差[19]。

引起辐射误差的原因不同，所需采用的校正方法也不相同。例如，对因传感器本身的响应特性引起的辐射误差所进行的辐射定标、“散粒噪声（又称随机坏像元）”和“条带（又称条纹）”的判定与去除，对因大气影响引起的辐射误差所进行的大气校正，对太阳位置引起的辐射误差的校正，地形坡度坡向校正等。

传感器的“增益（Gain）”与“漂移（Offset）”、传感器各个探测元件之间的差异和仪器系统工作产生的误差所造成的“散粒噪声”“条带”等，都属于系统辐射误差。系统辐射校正主要是针对这些系统辐射误差进行的，包括“增益（Gain）”与“漂移（Offset）”的处理、“散粒噪声”“条带”，前者又称传感器定标[20]。

系统辐射定标实际上是建立卫星传感器的输出值（如电压或计数值）与相应已知的、用国际单位制表示的标准值之间联系的一系列操作。传感器定标（Calibration）包括三种：①发射前的试验室定标；②基于星载定标器的飞行中定标；③发射后的真实性检验。这三种方法的最大区别是传感器接收到的总辐射的测定和求解方法不同。一般情况下，这三种定标的具体实现过程，都不需要遥感数据的使用者参与，用户只需要根据各方面信息了解各传感器的辐射定标质量，然后根据遥感数据提供使用时所给出的信息，如头文件、定标文件报告获取遥感数据定标中所需的定标增益系数和偏移量，并根据这些定标系数将遥感影像的 DN（Digital Number）值转换为传感器接收到的辐射值即可，见式(8-35)。

假设传感器接收到的总辐射 L_i 和传感器输出亮度值 DN_i 之间有如下线性关系[20]：

$$L_i = A_i \cdot DN_i + B_i \tag{8-35}$$

其中，A_i 和 B_i 分别为波段 i 的定标增益系数和漂移系数。传感器定标就是要求解该式中的定标增益系数 A_i 和漂移系数 B_i，然后利用求得的系数去对遥感数据进行定标。

除传感器“增益”和“漂移”校正处理外，有些传感器阵列因个别探测器件工作不正常还会引入一些辐射误差，如某个探测器未记录某个像元的光谱值会产生坏像元，坏像元出现的过程具有随机性，因此又称“随机坏像元”，也称其为“散粒噪声”[21]。例如，在量化等级为 8 bit 的多光谱遥感数据时，这些坏像元的值通常在单个或多个波段中为 0 或 255。当扫描系统（如 Landsat、MSS 或 Landsat - 7、ETM + 等）的某个探测器工作不正常时，就有可能产生一整条没有光谱信息的线。若探测器的线阵列（如 SPOT XS，IPS-1C，QuickBird 等）工作不正常，就会使整列数据都没有光谱信息，使所得影像的某行或某列的像元值为零，这种现象称为行或列缺失[22]。在成像过程中，有时候这种单个探测器或线阵列工作不正常的现象只是随机的、暂时的，因此会产生行或列部分缺失问题。有时，扫描系统在开始扫描时工作不正常，未能采集数据或者将数据放到了错误位置[23]，如一个扫描行的所有像元可能均被系统地向右平移一个像元，会产生行起始问题。当探测器还在工作的情况下，仍有可能出现没有进行辐射调整的情况，如某探测器记录的黑色深水区光谱数据可能比其他探测器同波段记录的亮度值大 20 左右，这样会使影像上出现明显的比邻近扫描行更亮的扫描行，这种现象往往是系统的，一般称为条带问题。当一景影像的“散粒噪声”和“条带”等问题特别严重时，该影像就没有进行校正的必要了。

因此，可以将传感器探测元件工作不正常所引起获取影像的辐射畸变归结为随机坏像元、行或列缺失、行或列部分缺失、行起始和条带等问题。针对不同的畸变特性，可以选择不同的方法对这些问题进行改正。出现随机坏像元、行列缺失等像元信息丢失现象的影像区域，虽然可以通过各种方法填充像元值，使影像变得美观，在遥感分类研究中还可起到一定的作用，但是这种影像已经不具有定量遥感研究的价值。若传感器探测元件的工作不正常，仅仅只是使像元产生移位，只要了解产生移位的原因和大小，就可以采用类似于地形曲率引起的影像偏移纠正的方法进行纠正，这种处理属于几何纠正范畴，经过纠正的影像仍然可用于定量遥感或遥感分类研究。一般情况下，像“散粒噪声”和“条带”在数据生产单位生产过程中会进行校正处理，而不需要遥感影像的使用者来校正，用户主要关注的是大气校正。

8.2.4 遥感影像大气纠正

对遥感影像进行大气校正处理前，除要了解大气的基本状况及其辐射相互作用的基本物理过程外，还必须根据自己的研究目的和内容确定有没有必要进行大气校正，因为在进行某些具体研究时，有时候可以完全忽略遥感数据的大气影响；而有时候必须考虑大气影响，进行大气校正处理。遥感要求从定性描述到定量的过渡，定量遥感对全球变化信息的动态监测有重要意义[24]。

8.2.4.1 大气校正的必要性探讨

并不是所有遥感研究都必须进行大气校正处理的，因此有必要对大气校正的必要性进行探讨。

1. 无须进行大气校正的情况

理论分析和经验结果都表明，如果不需要对取自某个时间或空间领域的训练数据进行时空拓展时，影像分类和各种变化检测就不需要进行大气校正。例如，采用最大似然法对单时相遥感数据进行分类时，通常就不需要大气校正。只要影像中用于分类的训练数据具有相对一致的尺度（校正过的或未经校正的），大气校正与否对分类精度影响很小[25]。在利用多时相影像进行合成变化检测时，如果将两个时相所有波段的数据放在一个数据集中采用变化检测算法确定变化类别，就没有必要进行大气校正了。因此，对某些分类和变化检测而言，大气校正并不是必需的。

不需要进行大气校正的基本原则就是：训练数据来自所研究的影像（或合成影像），而不是来自从其他时间或地点获取的影像。

2. 必须进行大气校正的情况[26]

一般而言，定量遥感研究需要进行遥感影像的大气校正，如：从水体中提取叶绿素、浮泥沙、温度等；从植被中提取生物量、叶面积指数、叶绿素、树冠郁闭百分比等，尤其是需要利用多时相遥感影像提取生物物理量进行对比分析，必须对遥感数据进行大气校正。

这里以应用最为广泛的归一化植被指数为例，利用 Landsat TM 数据推导的归一化植被指数(NDVI)，其公式如下：

$$NDVI = \frac{\rho_{tm4} - \rho_{tm3}}{\rho_{tm4} + \rho_{tm3}} \tag{8-36}$$

在许多决策支持系统如非洲饥荒预警系统和家畜预警系统中，经常采用 NDVI 测度植物的生物量和功能健康。大气对 NDVI 的影响很大，在植被稀少或已被破坏的地区能引起50%的误差甚至更大。因此，如何去除遥感数据中的大气影响具有重要意义。

在定量遥感研究中，为了实现反演模型时空扩展，必须进行大气校正。例如，虽然通过 DN 值和地面实测值之间的关系模拟，可以建立 DN 值与地面参数之间的经验模型，但该模型却无法推广应用于多时相的遥感反演。因此，在建立反演模型之前一定要进行大气校正，然后利用遥感反射率建立遥感反演模型。

大气校正是一个耗费资源较大的遥感处理过程，特别是基于辐射传输理论的大气校正方法，需要用户提供较多相关的大气参数，一般情况下，同步准确获取这些参数的难度比较大。因此，应该明确大气校正的原则，针对不同的应用目的和要求，确定是否需要大气校正并选择合适的大气校正模型算法。

8.2.4.2 大气校正模型与算法[25]

在传感器工作正常的条件下，所获取影像仍然存在辐射误差，这主要是由大气等因素引起的。而要定量获取地面信息，就必须采用大气校正手段建立传感器接收到的辐射与地面光谱反射之间的联系。遥感影像的大气校正方法有很多，有些相对简单，而有些基于物理理论的大气校正方法则较为复杂，需要大量辅助信息才能完成。根据不同的分类标准，大气校正方法也不同。可以分为绝对大气校正和相对大气校正方法两种。定量遥感要获取精确的要素反演，就需要对影像进行大气校正。

如果遥感应用的对象要求精度不是很高，往往采用相对校正的方法。相对校正不借助外部实测数据与大气辐射传输方程的方法，只对遥感数据做一些变换处理，从而达到滤掉大气干扰因素的作用。这类方法比较简单实用，但是没有从根本上真正消除大气影响，因此仅能有限地改变目视效果，这类方法主要有替换法、缨帽变换法和同态滤波法等，缨帽变换法目前仅适用于 MSS、TM、ETM + 数据。在厚云覆盖区域，由于地面反射几乎完全被云层阻挡，图像中基本不含地面信息，这类处理多采用替代法。替换法是将云区通过用不同时期同一地点的影像代替，会提高目视解译，但替换后的影像值由于与其他影像不是来自同一时期，所以实用性很差。

绝对校正的方法主要是利用辐射传输方程。这种方法通常分两步，大气参数估计和地面反射率反演。在大气参数已知的情况下，地面被假定为标准的朗伯体，那么对地面反射率反演是比较简单的。实际应用过程中往往要复杂些，精确大气参数的获取是比较困难的，尤其是空间气溶胶分布，另外地表被假定为标准的朗伯体也不总是成立。利用辐射传输方程进行大气校正较为成熟的模型有 6S、MORTRAN、SHDOM 等方法。

对传感器获取地表遥感影像影响最大的因素是空间气溶胶分布。简单的大气校正总是假定景内为均一气溶胶分布来进行大气校正，在大气校正过程中可通过设定不同能见度参数来匹配不同气溶胶浓度。但实际情况是大量的遥感影像上均可明显看出有雾或云的存在，当云层较厚时，影像上无任何地面信息，对云层覆盖区进行校正意义不大；当云层较薄时，影像上既存在地面信息又存在云的信息，此时对影像进行大气校正是很必要的。为达到较好的校正效果，校正过程中就应当采用非均一气溶胶空间分布下的大气校正方法。

根据理论基础与所需辅助信息来源的不同将大气校正方法分为：基于辐射传输模型(Radiative Transfer Models)的大气校正算法、基于实测光谱数据的大气校正算法以及基于影像特征的大气校正算法三种[1]。

1. 基于辐射传输模型的大气校正算法

基于辐射传输模型的大气校正又称为基于大气辐射传输理论（方程）的光谱重建，就是针对不同的成像系统以及大气条件建立的遥感反射率反演方法。其算法在原理上基本相同，差异在于假设条件和适用范围有所不同[18]。大多数基于辐射传输模型的大气校正算法都需要用户提供以下参数：

- 遥感影像的经纬度。
- 遥感数据采集的日期和时间。
- 遥感影像获取平台距海平面的高度。
- 整景影像的平均海拔。
- 辐射定标后的遥感影像辐射数据[单位为 $W/(m^2 \cdot \mu m \cdot sr)$]。
- 大气模式（如中纬度夏季中纬度冬季热带）。
- 影像各波段的均值、半幅全宽(Full Width at Half Maximum, FWHM)等信息。
- 遥感数据获取时的大气能见度（附近机场是获取该参数地方之一）。

当前国内外已有很多种大气辐射传输模型与算法，如 6S 模型(Second Simulation of the Satellile Signal in the Solar Spectrum Radiative Code)、针对不同空间尺度分辨率的大气传输标准码 LOWTRAN (Low Resolution Transmission) 和 MODTRAN (Moderate Resolution Transmission)、大气恢复程式 ATREM(The Atmosphere Removal Program)、快速计算大气辐射 ATCOR (Atmospheric Correction)、标准高纬度辐射码 SHARC (Standard High-Altitude Radiation Code)、紫外与可见光辐射模型 UVRAD(Ultraviolet and Visible Radiation)、SHARC 与 MODTRAN 混合的大气辐射传输模型 SAMM(Share And Modtran Merged)等，有一些已形成了系统软件，其中以 6S 模型、LOWTRAN、MODTRAN、ATCOR、ATREM 应用较为广泛[1]。

1)6S 模型

6S 模型是法国大气光学试验室和美国马里兰大学地理系研究人员在 5S (Simulation of the Satellite Signal in the Solar Spectrum)模型的基础上发展起来的。该模型具有正向和反向两种工作状态，采用了最新近似(State of the Art)和逐次散射 SOS (Successive Orders of Scattering)算法来计算散射和吸收，改进了模型的参数输入，使其更接近实际状况。该模型对主要大气效应：H_2O、O_3、CO_2、CH_4、N_2O 等气体的吸收，大气分子和气溶胶的散射都进行了考虑。它不仅可以模拟地表的非均一性，还可以模拟地表的双向反时特性。6S 模型化 LOWTRAN 模型、MORTRAN 模型的精度要稍高些。

6S 大气纠正模型，适用于可见光—近红外(0.25 ~ 4 μm)的遥感数据。在 6S 大气纠正的软件中需要输入的主要参数有：

(1)用以计算太阳和遥感器的位置几何参数，包括太阳天顶角、卫星天顶角、太阳方位角、卫星方位角，也可输入卫星轨道与时间参数来替代。

(2)大气组分参数，包括水汽、灰尘颗粒度等参数。由于本子工作项目研究中缺乏精确的实测数据，故根据 SPOT5 成像时间选用 6S 提供的标准模型——中纬度夏天来代替。

(3)气溶胶组分参数，包括水分含量以及烟尘、灰尘等在空气中的百分数等参数。同样选取 6S 提供的标准模型——“大陆模型”来描述。

(4)气溶胶的大气路径长度。依据山区的能见度参数表示。

(5)被观测目标的海拔及遥感器高度。

(6)光谱条件。将 SPOT5 的波段作为输入条件。

一幅图像相当于一个二维函数，该函数可以简化为光源的入射量函数与地面反射率函数的乘积。薄云范围一般范围较大，表现出缓慢变化的空间域趋势，在频率域上具有低频，类似于入射量函数。而景物反映图像的细节内容，其频率处于高区域，类似于反射量函数。适当降低光源入射量函数的影响，也就是在频率域上削弱光源入射时的成分，同时增强地面反射率函数的频谱成分，就可以削弱薄云的影响。

同样地，对于全色遥感数据，云层主要分布在低频，而地物相对主要占据高频，所以可将低频信息通过滤波方法去除。使用中首先将图像用傅里叶变换由空间域转换为频率域，然后使用高通滤波方法将云移除，之后再将图像由频率域变回空间域。

传感器所接收到的有云的图像，可以表示为地物的照射分量和云层的反射分量的乘积，简化为

$$f(x,y) = f_i(x,y) \cdot f_x(x,y) \tag{8-37}$$

对式(8-37)两边取对数，则有

$$\ln(x,y) = \ln f_i(x,y) + \ln f_x(x,y) \tag{8-38}$$

式(8-38)表明影像亮度值的对数等于照射分量和反射分量的对数和，是一个低频成分的函数与一个高频成分的函数的叠加，因此可以通过傅里叶变换将它们转换到频域，即

$$F\{\ln f(x,y)\} = F\{\ln f_i(x,y)\} + F\{\ln f_x(x,y)\} \tag{8-39}$$

或记为

$$Z(u,v) = I(u,v) + R(u,v) \tag{8-40}$$

然后用高通滤波的方法，提取高频成分，抑止低频成分，即

$$S(u,v) = H(u,v)Z(u,v) = H(u,v)I(u,v) + H(u,v)R(u,v) \tag{8-41}$$

再进行傅里叶逆变换，从频域回到空域：

$$S(x,y) = F^{-1}\{S(u,v)\} = F^{-1}\{H(u,v)I(u,v)\} + F^{-1}\{H(u,v)R(u,v)\} \tag{8-42}$$

最后将结果做指数变换：

$$\exp\{S(x,y)\} = \exp\{\ln f'_i(x,y)\} \times \exp\{\ln f'_r(x,y)\} = f'(x,y) \times f'_r(x,y) \tag{8-43}$$

其中，$H(u,v)$选用巴特沃思滤波器。

具体处理步骤为：

(1)用 6S 对影像进行大气校正。用 6S 进行大气校正已得到大量成功的验证。输入获取影像时的大气参数，通过 6S 模式运算即可得到大气校正后的影像。

(2)用同态滤波进行去云处理。同态滤波进行去云处理可以显著提高影像的对比度。

2)LOWTRAN 模型

LOWTRAN 模型是美国空军地球物理试验室(Air Force Geophysics Laboratory，AFGL)研制的。目前流行的版本是 LOWTRAN 7，它是以 20 cm^{-1}的光谱分辨率的单参数带模式计

算0 ~ 50 000 cm^{-1}的大气透过率、大气背景辐射、单次散射的光谱辐射亮度和太阳直射辐照度。LOWTRAN 7 增加了多次散射的计算及新的带模式，臭氧和氧气在紫波段的吸收参数，提供了6种参考大气模式的温度、气压、密度的垂直廓线 H_2O、O_3、CO_2、CH_4、N_2O 的混合比垂直廓线及其他13种微量气体的垂直廓线，城乡大气气溶胶、雾、沙尘、火山喷发物、云雨廓线和辐射参量如消光系数、吸收系数、非对称因子的光谱分布。目前使用的 LOWTRAN 7 已经基本成熟稳定，自1989年以来没有大的改动，修改了其中一些小的错误。

3）MORTRAN 模型[1]

MORTRAN 是由美国空军地球物理试验室（AFGL）开发的计算大气透过率及辐射的软件包。MORTRAN 是从 LOWTRAN 发展而来的，主要是对 LOWTRAN 7 模型的光谱分辨率进行了改进，将光谱分辨率从 20 cm^{-1}减少到 2 cm^{-1}，发展了一种 2 cm^{-1}光谱分辨率的分子吸收的算法和更新了对分子吸收的气压温度关系的处理，同时维持 LOWTRAN 7 的基本程序和使用结构。MORTRAN 的基本算法包括透过率计算，多次散射处理和几何路径计算等。需要输入的参数有四类：计算模式、大气参数、气溶胶参数和云模式。MORTRAN 有四种计算模式：透过率、热辐射，包括太阳和月亮的单次辐射的辐射率计算，直射太阳辐照度计算。用 MORTRAN 进行大气纠正的一般步骤是：首先输入反射率，运行 MORTRAN 得到大气层顶（TOA）光谱辐射，解得相关参数；然后利用这些参数代入公式进行大气纠正。ENVI 软件提供的 FLAASH（Fast Line-of-sight Atmospheric Analysis of Spectral Hypercubes）大气校正模型就是使用了改进的 MORTRAN 4 + 辐射传输代码对影像逐像元进行大气中的水汽、氧气、二氧化碳、甲烷、臭氧和分子与气溶胶散射校正。

4）ATCOR 模型[1]

ATCOR 大气校正模型是由德国 Wessling 光电研究所的 Rudolf Richter 博士于1990年研究提出的一种快速大气校正模型并经过大量的验证和评估。ATCOR 2 模型是 ATCOR 经过多次改进和完善的产品，是一个应用于高空间分辨率光学卫星传感器的快速大气校正模型，它假定研究区域是相对平坦的地区并且大气状况通过一个自查表来描述。ATCOR 2 已经广泛应用于很多常用的遥感影像处理软件，如 PCI、ERDAS。虽然受局部地区气候的限制，新模块也需要进一步完善，但 ATCOR 2 系列仍然是 ATCOR 的主要产品。1999年发布的 ATCOR 3 和2000年发布的 ATCOR 4 模型分别用于山区和亚轨道遥感数据。

5）ATREM 模型[1]

ATREM 模型采用6S 模型和用户指定的气溶胶模型来计算气溶胶；用 Malkmus 的窄波段光谱模型和用户提供或选定的标准大气模式（温度、压力和水汽垂直分布）计算大气吸收和分子（瑞利）散射。水汽总量通过水汽波段和三通道比值方法从高光谱数据中逐像元获得，然后将获取的值用于 400 ~ 2 500 nm 范围的水汽吸收影响建模。最终结果为一个折合表面反射率描述的经验辐射校正数据集。

基于辐射传输模型的大气校正算法的优点在于，能较合理地处理大气散射和气体吸收，且能产生连续光谱，避免光谱反演中出现较大的定量误差。这方法虽然可行，但是实际应用起来却非常困难。除计算过程复杂、计算量大外，在利用这些模型进行光谱重建时，需要在传感器获取影像数据的同时，对一系列大气环境参数进行同步测量，比如气溶胶光学厚度、温度、气压、湿度、臭氧含量及空间分布状况等。对于具体的研究区域而言，同步获取上述实时大气剖面数据难度较大。因此，大气模拟通常是使用标准大气剖面数据来代替实时数据，或者是用非实时的大气探空数据来代替。由于大气剖面数据的非真实性或非实时性,根据大气模拟结果来估计大气对地表辐射的影响通常存在较大的误差,这限制了该方法的进一步推广应用。

2. 基于实测光谱数据的大气校正算法[1]

当有近似同步的地面实测光谱时,往往采用地面实测数据与遥感影像数据之间简单的线性经验统计关系确定大气程辐射影响,以实现研究区域遥感影像的反射率转换,达到大气校正的目的,该方法又称经验线性定标法(Empirical Line Calibration, ELC)。该方法的优点是计算和原理都简单;其不足是需进行同步实测光谱测量,且对定标点要求比较严格。此外,这种模型较适合于地面状况相差不大的地区。对地形起伏较大的地形,如果选择的定标与其他位置高差较大,或者传感器扫描角较大,对偏离定标点较远的地物,就会有不同的大气透过率和辐射,这样一来,用该方法进行反射率转换,则重建光谱误差较大。

3. 基于影像特征的大气校正算法[1]

基于影像特征的大气校正,是在没有条件进行地面同步测量的情况下,借用统计方法进行的影像相对反射率转换。这种方法常用于缺少辅助大气、地面参数的历史数据和偏远的研究区域遥感影像。从理论上,基于影像特征的大气校正算法都不需要进行实际地面光谱及大气环境参数的测量,而是直接从影像特征本身出发进行反射率反演,基本属于数据归一化的范畴。黑像元法(Dark-Object Methods)、不变目标法(Invariable-Object Methods)、直方图匹配法(Histogram Matching Methods)和波段比值法(Band Ratio Methods)等都属于基于影像特征的大气校正算法,其中,黑像元法最为常用。

黑像元法的研究与应用已经有20多年的历史,其关键技术主要在于遥感影像中有效黑像元值的确定和大气校正模型的适当选择。该方法的基本原理就是在假定待校正的遥感影像上存在黑像元区域、地表朗伯面反射、大气性质均一,忽略大气多次散射辐照作用和邻近像元漫反射作用的前提下,反射率很小的黑像元由于受大气的影响,而使得这些像元的反射率相对增加,可以认为这部分增加的反射率是由于大气程辐射的影响产生的。利用黑像元计算出程辐射,并代入适当的大气校正模型,获得相应的参数后,通过计算就可以得到地物真实的反射率。常用的黑像元主要有光学特性清洁的水体和浓密的植被等。

与黑像元法不同的是,不变目标法假定影像上存在不变目标(又称辐射地面控制点),它是具有较稳定反射辐射特性的像元,可确定这些像元的物理意义,并且在不同时相的遥感影像上的反射率存在一种线性关系。通过建立不变目标及其在多时相遥感影像中的像元之间的这种线性关系,就可以实现对遥感影像的大气校正。自然界中理论上的不变目标极少,因此不变目标又经常表达为伪不变特征(Pseudo-Invariant Features, PIFs),伪不变特征的选取原则为:

(1)虽然有些变化是不可避免的,伪不变特征的光谱特性应该随时间变化很小。

(2)在一景影像中,应该尽量避免选择高程很高的伪不变特征,高程大于1 000 m处的伪不变特征对估算近海面大气条件的作用不大,因为气溶胶主要集中在高程小于1 000 m的大气层中。

(3)伪不变特征包含的植被应尽可能少,以减少环境胁迫和物候周期的影响面引起植被光谱辐射特性的变化。

(4)伪不变特征应该选在相对平坦地区,使太阳高度角的逐日变化与所有归一化目标的太阳直射光束之间具有相同的变化比例。

常用的不变目标主要有:清澈的贫营养深水湖泊、茂密的成熟红树林、平旷的沥青屋顶,无杂质的沙砾覆盖区、混凝土路面或大型停车场。

采用直方图匹配法时,需要能够确定出某个没有受到大气影响的区域与受到大气影响的区域的反射率是相同的,这样就可以利用它的直方图对受影响区域的直方图进行匹配处理。该方法实施起来简单、容易。ERDAS、PCI 等很多遥感影像处理软件中都提供有这个功能。该方法关键在于寻找两个具有相同反射率但受大气影响却相反的区域。由于该方法假定气溶胶的空间分布是均匀的,因此有时候将范围较大的遥感影像分成小块,分别采用这种方法可能会得到更好的效果。

在植被指数研究中,还可以采用波段比值方法来减轻大气影响。例如,为了减少大气对植被指数的影响,Kaufman 等利用蓝光和红光波段大气程辐射的相关特性,提出了一种大气阻抗植被指数(Atmosphere Resistant Vegetation Index, ARVI),并将其应用到 MODIS 影像的大气校正中。

8.2.4.3 非均一气溶胶空间分布的大气校正研究方法[1]

气溶胶空间分布均一与非均一的大气校正方法原理上是一致的,均通过大气辐射方程反算出地表绝对反射率。当气溶胶空间分布非均一时,在进行大气校正前首先需要进行地表气溶胶浓度反演。较为成熟的方法是有云区/无云区平均反射率匹配法,该方法是近几年提出的一种有效的去除薄云或雾气方法。由于这种方法仅适用于多波段遥感影像,所以研究中对 SPOT5 多光谱数据采用了有云区/无云区平均反射率匹配法,对于全色数据采用了同态滤波的方法。

1. 多波段影像的非均一气溶胶空间分布的大气校正

该方法在存在薄云的图像中,首先识别出有云区和无云区,同时对像元进行分类,然后匹配有云区和无云区之间相同地类的平均反射率,达到去除薄云或雾气的目的。这种算法已被成功应用到 MODIS、LandSat、SeaWiFS、CBERS 等卫星影像。具体步骤如下:

(1)确定有云/无云区。云层对不同波段的吸收和反射大致相同,据此可通过设定一定的阈值用不同波段的遥感影像数据计算出有云区。但通过固定阈值来识别云区会带来许多误差,研究中采用固定阈值与人机交互方式结合从遥感影像上圈出有云区。

(2)遥感影像的非监督分类。遥感影像的非监督分类方法有多种,研究中采用了 ENVI 软件中 Isodata 方法将影像分为 50 类。

(3)气溶胶浓度反演。从相同分类区内计算出有云区与无云区的平均辐射值,而后通过 MODTRAN 计算出气溶胶浓度。部分计算过程通过 IDL 编程实现。

(4)辐射传输模型计算。利用反演出的空间气溶胶分布用 MODTRAN 方法对影像进行大气校正。

2. 全色单波段影像的非均一气溶胶空间分布的大气校正

有云区/无云区平均反射率匹配法仅适合于多波段影像。研究中全色单波段影像的去云处理中采用了"6S"模式与同态滤波结合的方式处理。

6S 大气纠正模型,适用于可见光—近红外(0.25 ~4 μm)的遥感数据。在 6S 大气纠正的软件中需要输入相关参数。

大气校正一直是定量遥感学界关注的主要问题之一,尽管经过多年的努力,已经取得了长足的进步,但要想彻底解决大气校正问题,还需要更进一步研究。因为,已有任何一种大气校正算法都有一定的局限性,不具有普适性。以上各种大气校正方法没有严格的区分,研究者在进行大气校正处理之前,要根据自己的研究对象、目的、要求和具有的研究条件仔细选择合适的大气校正算法。有时候还需要根据实际情况,将几种大气校正方法综合使用,以达到较为满意的大气校正结果。

8.2.5 研究区遥感影像的大气纠正

研究中将 MORTRAN 大气校正应用于保康县马桥镇、钟祥市胡集镇 SPOT5 多波段遥感影像大气纠正,具体去除薄云流程如图 8-10 所示。完成去云处理后的局部影像如图 8-11、图 8-12 所示。图中左边为校正前的影像图,右边为校正后的影像图,可以看出,校正后模糊区明显去除,影像纹理特征较为清晰,去云处理效果还是令人满意的。

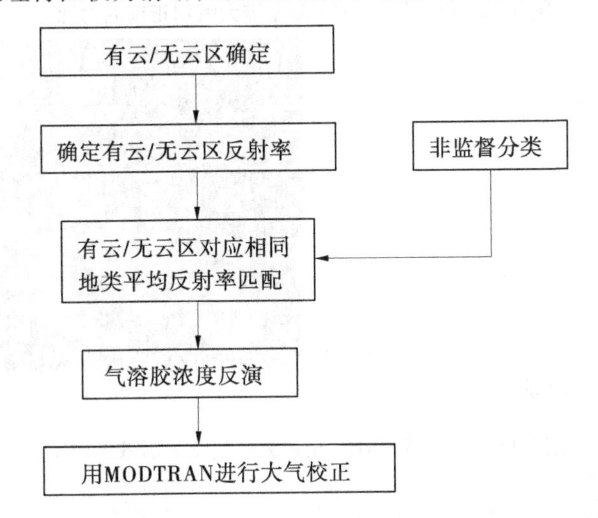

图 8-10 有云区/无云区平均反射率匹配法去除薄云流程

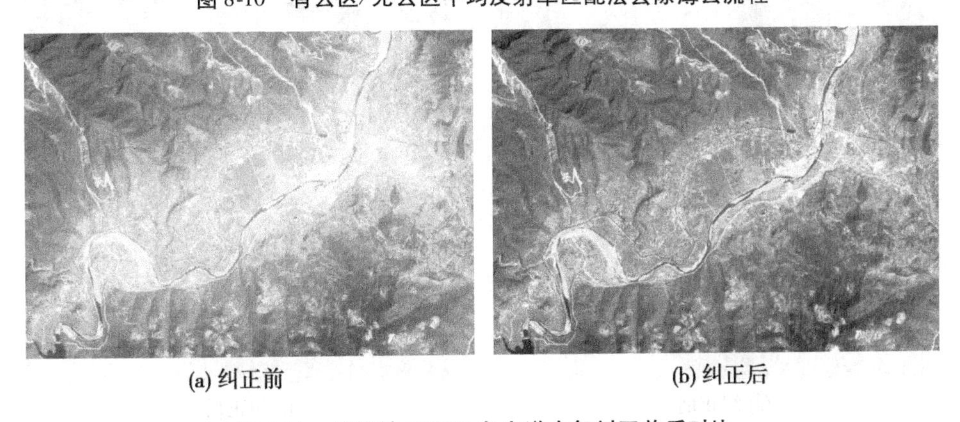

图 8-11 马桥镇 SPOT5 多光谱大气纠正前后对比

应用 6S 大气校正模型对保康县马桥镇、钟祥市胡集镇全色遥感影像进行大气纠正,纠正前后效果对比如图 8-13、图 8-14 所示。比较纠正前后影像可以知道,由于处理过程抑制了低频成分,影像亮度明显减小,地物纹理特征明显增强,并且处理后的影像有着较高的对比度,处理效果较为满意。

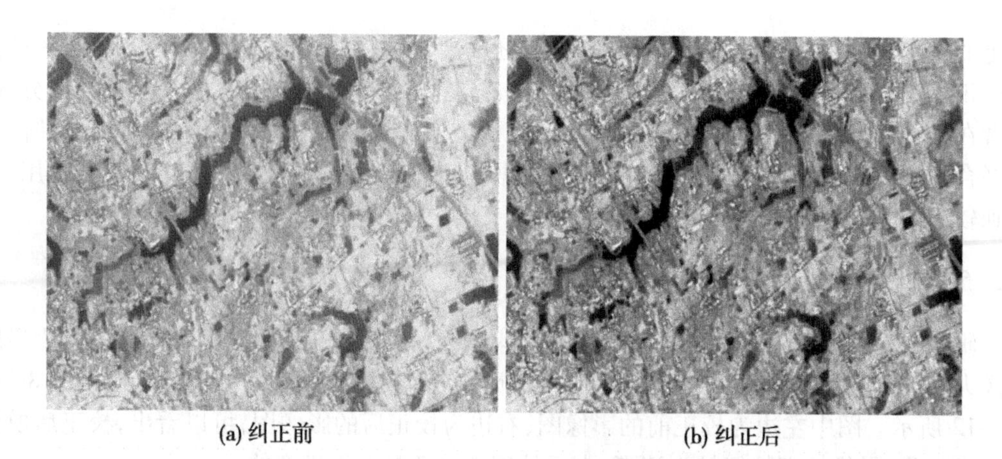

(a) 纠正前　　　　(b) 纠正后

图 8-12　胡集镇 SPOT5 多光谱大气纠正前后对比

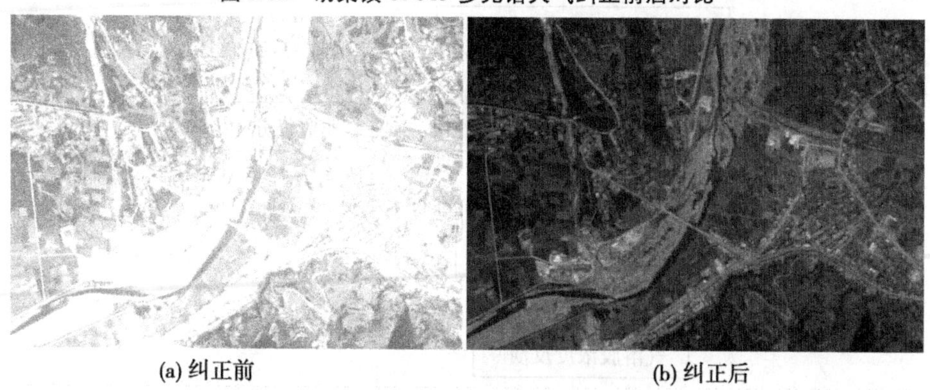

(a) 纠正前　　　　(b) 纠正后

图 8-13　马桥镇 SPOT5 全色大气纠正前后效果对比

(a) 纠正前　　　　(b) 纠正后

图 8-14　胡集镇 SPOT5 全色前后效果对比

通过对两种方法进行大气校正后的结果对比分析发现,对 SPOT5 多光谱影像的去云处理能够取得较为满意的结果。这是因为多波段影像含有较为丰富的波谱信息,薄云对影像的影响在不同波段内是不同的,并且随着波长的增加影响程度逐渐变小,在近红外波段云的影响变得很小。正是根据这些特点，结合 SPOT5 不同波段的多光谱数据，可以很好地完成去云处理。

全色波段由于只有单一波段，对影像的去云处理则困难许多[31]。研究中采用了同态滤波的方法，虽然在有云区取得较好效果，但对无云区却在一定程度上引起了图像的失真。研究过程中试验将全色波段的有云区与无云区分开处理，尽管有云区达到了更好的纠正效果，但发现在随后的影像镶嵌中，拼接线两侧会出现明显的痕迹，而这种痕迹非简单地等同于亮度值的差异，所以未采用这种分开处理的方法。对于单波段全色影像的去云处理还需通过进一步的研究进行改进。

8.2.6 研究区遥感影像的正射纠正

正射纠正是对影像进行几何畸变纠正的一个过程，主要原理是借助于地形高程模型(DEM)，对由地形、相机几何特性以及与传感器相关的误差所造成的明显的几何畸变逐像元地进行地形变形的纠正。因此，纠正后的影像将是正射的平面真实影像。从实现的过程看，指采用星历参数、适当精度的控制点及 DEM 通过严格物理模型进行原始影像几何纠正的过程。物理模型方法与其他算法的本质区别是：物理模型以数据获取时卫星的各种参数为基础建立变形模型[32,33]。

对于 SPOT5，其物理模型包括了卫星与地球的位置关系(卫星轨道、高度、坐标等)，卫星本身的姿态(侧摆角、视角、视场、离心率等)，传感器参数(CCD 相机的扫描模型)，地球模型(椭球模型、投影系统)以及图像参数(入射角、影像中心坐标、四角坐标等)。利用这些模型参数、DEM 数据和获取的控制点坐标，对图像进行正射纠正[34]。

对于资源二号，由于传感器参数涉密，无法获取正射纠正所需星历参数，因此无法对其做正射纠正，只能结合 1∶5万地形图最大限度地消除平面几何误差。磷矿镇重点工作区资源二号几何纠正的中误差为 0.38 mm，同样满足计划项目 5 万尺度的质量控制要求。需要提出的是，由于资源二号传感器自身问题，导致部分图像数据质量不理想，存在较为严重的几何畸变，后续研究中需要加强这方面的研究。

8.2.7 研究区空间纹理信息的获取

多光谱图像的光谱分辨率较高，但空间的细节表现能力比较差；全色光学图像具有高空间分辨率，但光谱分辨率较低。因此，可以将具有低空间分辨率的多光谱图像和具有高空间分辨率的全色光学图像进行融合，使融合后的多光谱图像具有较高的空间细节表现能力且同时保留多光谱图像的光谱特性。

遥感图像融合主要有两个关键问题：一是融合前两幅图像严格的空间配准，通常空间配准误差不得超过一个像素。只有将不同空间分辨率的图像精确地进行配准，才可能得到满意的效果。二是融合前后影像色调的调整。如提高全色数据的亮度，增强局部反差突出纹理细节，尽可能降低噪声；对多光谱数据进行色彩增强，拉大不同地类之间的色彩反差，突出其多光谱彩色信息。融合后影像处理：融合后影像亮度偏低、灰阶较窄，可采用线性拉伸、亮度对比度、色彩平衡、色度、饱和度等调整色调。

光学系统的遥感影像，其空间分辨率和光谱分辨率是一对矛盾，在一定信噪比的情况下，光谱分辨率的提高是以牺牲空间分辨率为代价的[36]。一种好的融合方法，不但要求空间分辨率得到增强，空间纹理信息得到锐化，还要求保持光谱信息不失真，否则得出的结果偏差较大或错误,不利于遥感制图和矿产资源开发状况多目标调查的定量分析。

本研究区订购的高空间分辨率遥感数据量较大,覆盖范围较广,并且有重复覆盖的情况,因此在开展相同卫星数据间和不同卫星数据间的融合前,综合评价不同融合方法在矿产资源开发多目标遥感调查中的适用性显得非常必要。

为保证融合结果评价更具有针对性,选择 SPOT5 胡集磷矿带为研究区(见图 8-15),该区内地物单元丰富,包括水体、植被、开采矿区、停采矿区、化工厂厂房顶、公路等。由于这些地物形状和属性各不相同,更能反映出各种融合方法的优缺点。前面已经提到了常用的几种方法,如 IHS、Brovey、PC 等,这些方法在融入高分辨率空间信息的同时,也将全色影像光谱的高频信息带入融合后的影像中,因此导致地物光谱信息失真较大,影响遥感制图的效果和矿产资源开发状况多目标的遥感调查与监测。所以,本研究区应用目前常用的既能使融合影像保真性较好、计算又较简单的融合方法基于亮度调节的平滑滤波(smoothing filter-based intensity modulation, SFIM)来获取研究区的纹理信息。不同融合方法具体融合效果如图 8-16 ~ 图 8-20 所示。

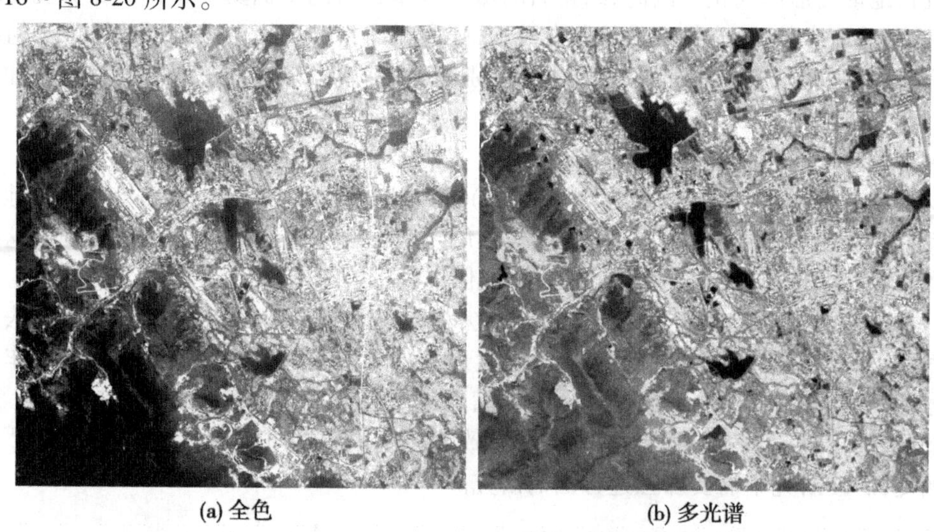

(a) 全色　　　　(b) 多光谱

图 8-15　胡集研究区 SPOT5 影像

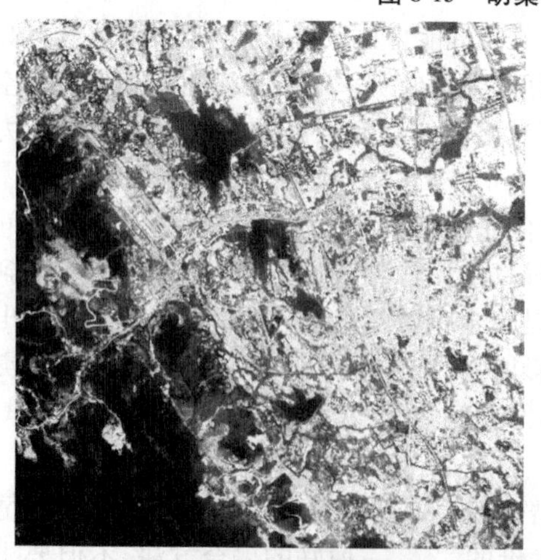

图 8-16　IHS 融合影像

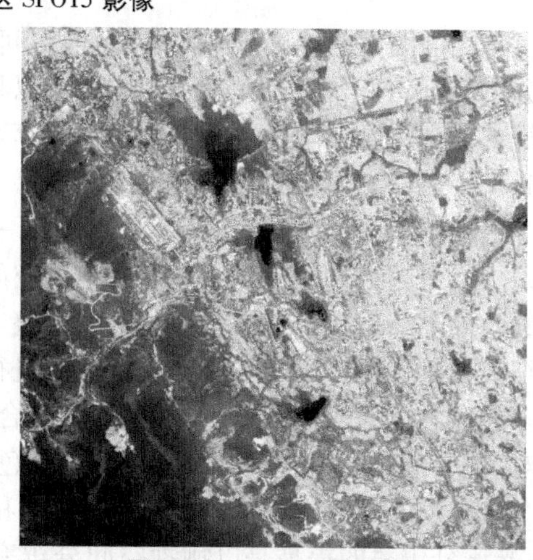

图 8-17　Brovey 融合影像

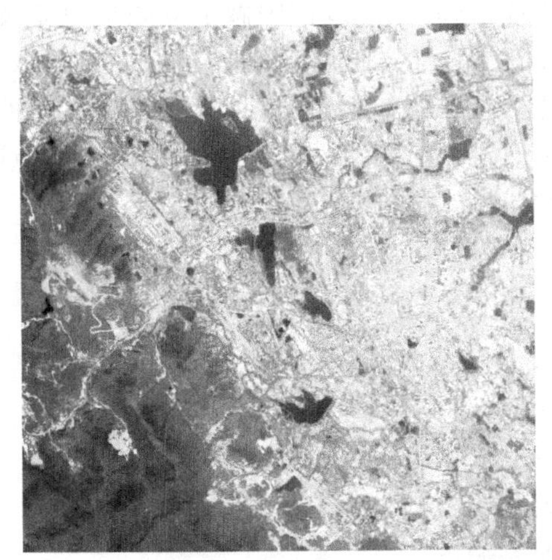

图 8-18　PC 融合影像

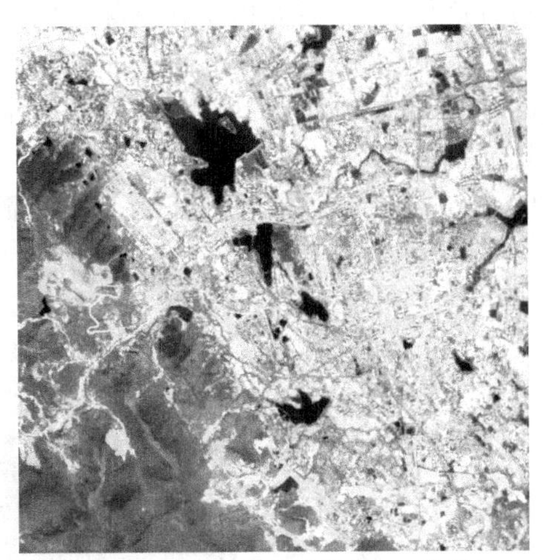

图 8-19　SFIM 融合影像(5×5 滤波)

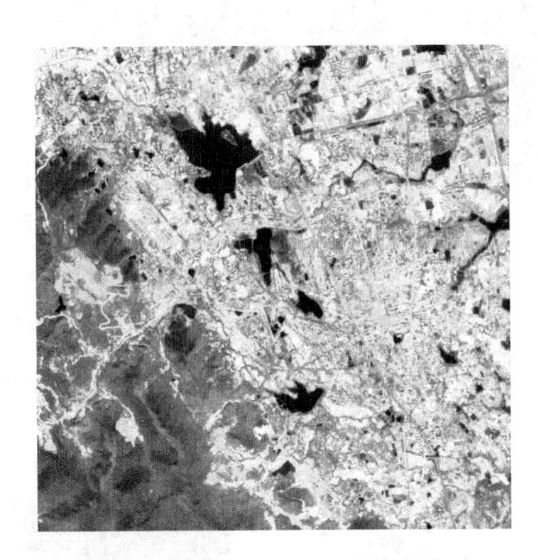

图 8-20　Gram-Schmidt 融合影像

通过几种不同方法的图像融合结果比较分析,整体上,IHS、Brovey 两种方法融合后影像亮度偏暗,且会损失部分地物信息,如 IHS 融合后造成茂密的植被信息失真,Brovey 融合中水体信息的失真,特别是 Brovey 融合,因将全色影像高频信息全部带入融合后的影像,使局部地区水体信息丢失;PC 方法融合后的影像亮度偏亮,但表现地物信息的能力要优于 IHS 和 Brovey 两种方法;相对于前几种方法,SFIM 和 Gram-Schmidt 两种方法融合后的影像色调更清晰。

为了进一步研究五种融合方法提高空间纹理信息的能力,选择研究区如图 8-21 为子区,该子区内典型地物有大型磷矿、通往矿区的盘山路、世龙化工厂、水体。

研究区子区五种融合影像放大显示如图 8-22 ~ 图 8-26 所示。整体上,子区经融合处理后,磷矿开采状况、因开矿修建的盘山道路、世龙化工厂内的基础设施分布等空间纹理信息均得到了大大的增强。值得提出的是,尽管 IHS、Brovey 和 PC 三种方法融合后的影像其整体亮度、色调失真,但是锐化效果更明显。与前三种方法相比,尽管 SFIM、Gram-Schmidt 两种方法融合后的影像色调保持得很好,但是均出现了边缘模糊的现象,致使影像中表现细微地物的能力下降。这是由于在剔除全色影像高频信息的运算过程中做了低频均值滤波运算，与 Liu 和徐涵秋的研究结果是一样的。因此，传统的过分强调光谱保真性的看法显然有失偏颇，需要根据不同的研究目的采用不同的融合方法[11]。但是，这种模糊现象在一种尺度效应下的目视解译不会影响解译精度。综合考虑融合影像的锐化效果和整体亮度、色调，SFIM、Gram-Schmidt 融合更适合于矿产资源开发多目标遥感调查与监测项目。

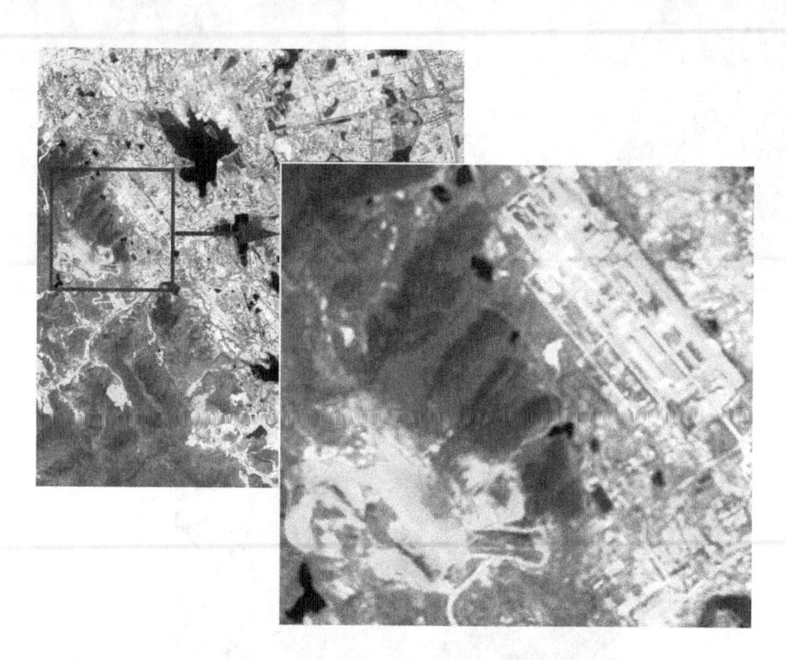

图 8-21 研究区子区位置示意图（SPOT5 多光谱影像，$RGB=321$）

图 8-22 子区 IHS 融合影像

图 8-23 子区 Brovey 融合影像

图 8-24　子区 PC 融合影像

图 8-25　子区 SFIM 融合影像

图 8-26　子区 Gram-Schmidt 融合影像

一种好的遥感影像融合方法不仅要提高空间纹理信息,同时要考虑对光谱信息的高保真[12]。在子区中分别选择水体、植被、正在开采中的磷矿区、已经停采的磷矿区、化工厂房顶、公路六类典型地物,融合影像地物的光谱信息与原始光谱信息相比较,用于考查不同的融合方法对光谱的保真情况。

图 8-27 ~ 图 8-32 分别显示了六种地物的光谱曲线及其变化。由图 8-27 ~ 图 8-32 可知,各种融合后的影像光谱与原始影像光谱比较,SFIM 和 Gram-Schmidt 变换光谱信息保真性最好,不仅同一地物的波谱曲线形状没有发生变化,而且不同地物的波谱之间的关系也保持得较好;PC 变化次之,植被、停采磷矿区和工厂厂房房顶光谱信息尽管和原始影像波谱之间的关系有一定的偏差,但是曲线的形状变化不是很大,遗憾的是水体、正在开采中的磷矿区和公路三类地物的光谱信息失真较大,一定程度上会影响分类的精度。IHS、Brovey 变换后的光谱保真度最差,六种地物内不但对应波长的光谱形状发生了较大的改变,而且不同类型地物之间的波谱关系也发生了较大的改变。显然,融合后影像光谱信息的严重失真将会影响成果信息的表达和各种遥感专题图件的制作。

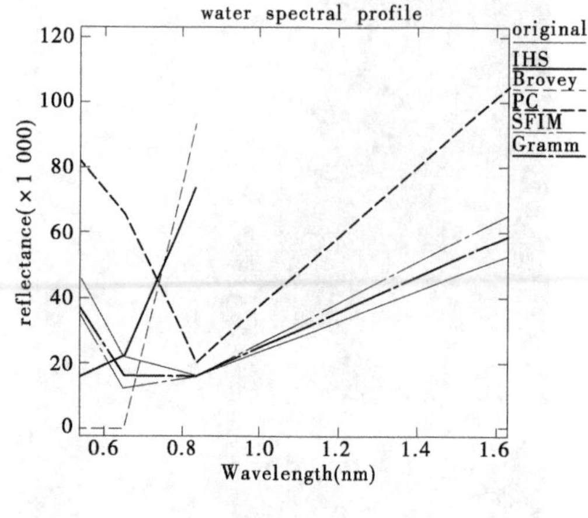

图 8-27　融合影像水体光谱对比

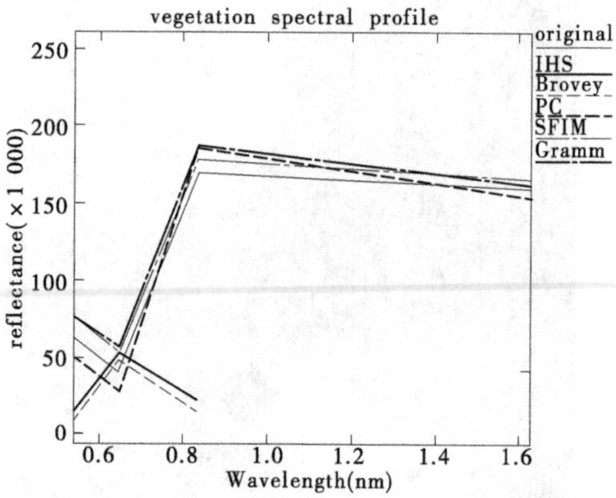

图 8-28　融合影像植被光谱对比

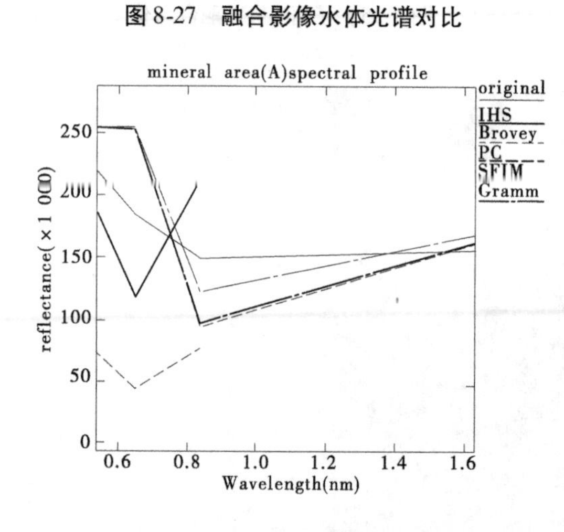

图 8-29　融合影像开采矿区光谱对比

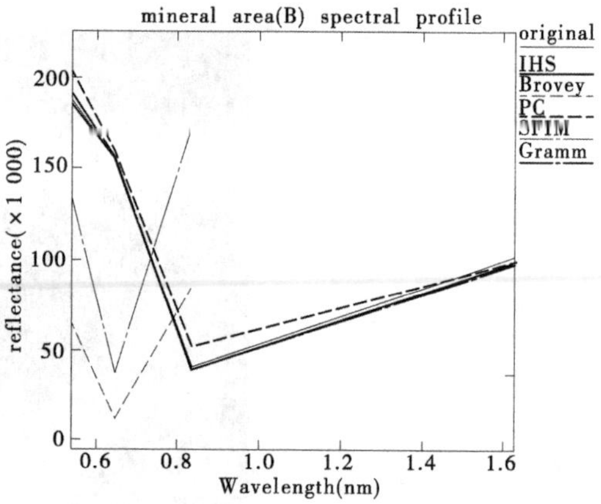

图 8-30　融合影像停采矿区光谱对比

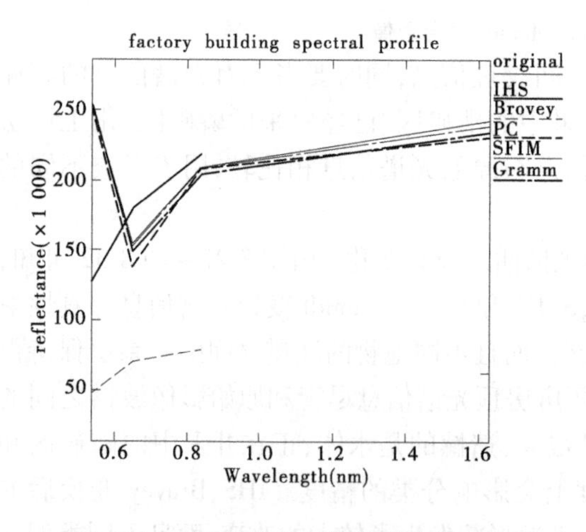

图 8-31　融合影像工厂厂房顶光谱对比

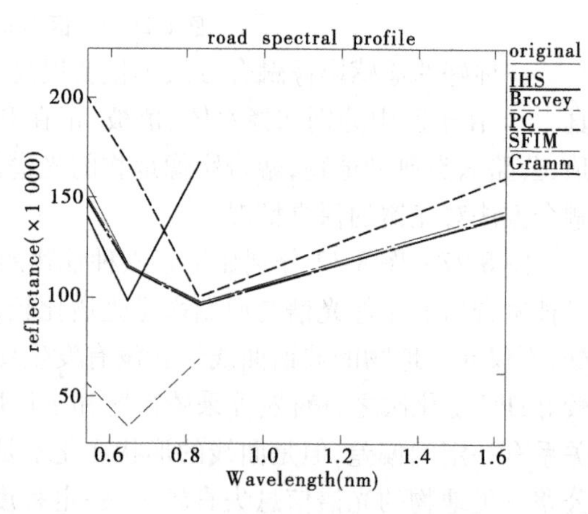

图 8-32　融合影像公路光谱对比

与彩色合成影像相比，全色影像表达矿产资源开发多目标遥感信息的能力更丰富，更有利于目视解译和提高圈定图斑的精确度，解译成果信息的表达和遥感图件的制作则需要高保真光谱信息的融合影像为基础。因此,1:5万尺度的遥感图像融合方法首选 Gram-schmidt 和 SFIM 变换,其次为 PC,而 IHS 和 Brovey 两种方法则不可取。

§8.3 小 结

本章首先介绍图像融合处理前的准备工作,具体包括图像的数字化、图像的平滑、图像的复原、图像的增强、图像的去噪、图像的配准等工作。详细介绍了空间域图像增强的一些理论方法,包括基本的灰度变换方法,从图像的反转、对数变换、幂次变换。分段线性变换,包括对比度拉伸、灰度切割、直方图处理、直方图均衡化、直方图匹配、局部增强的相关理论。然后基于第 7 章讨论的经典融合算法理论对研究区的遥感图像进行融合研究。首先针对遥感影像几何纠正环节,详细讨论几何粗纠正和几何精纠正的具体过程。然后,从图像镶嵌理论和图像辐射定标、大气纠正方面进行研究,并且详细探讨了大气纠正的模型算法。最后结合研究区具体的影像数据进行大气纠正处理后,通过不同的经典融合算法对研究区遥感影像进行图像融合处理,通过目视评价,SFIM、Gram-Schmidt 两种方法融合影像结果色调保持的很好,纹理显示较好,为了进一步验证上述融合方法的融合效果,分别选择水体、植被、正在开采中的磷矿区、已经停采的磷矿区、化工厂房顶、公路六类典型地物,融合影像地物的光谱信息与原始光谱信息相比较,更能满足研究区信息获取的需求。最后得出结论,通过 SFIM、Gram-Schmidt 两种融合方法是获取研究矿区空间纹理信息的最佳方法。

参考文献

[1] 赵英时. 遥感应用分析原理与方法[M]. 北京:科学出版社,2004.

[2] 赵书河. 多源遥感影像融合技术与应用[M]. 南京:南京大学出版社,2008.

[3] 贾永红,李德仁,孙家炳,等. 四种 IHS 变换用于 SAR 与 TM 影像复合的比较[J]. 遥感学报,1998,2(2):103-106.

[4] 李晖晖,郭磊,刘航. 基于不同类型小波变换的 SAR 与可见光图像融合研究[J]. 光子学报,2006,35(8):1263-1266.

[5] 许星,李映,孙谨秋,等. 基于 Curvelet 变换的 SAR 与 TM 图像融合研究[J]. 西北工业大学学报,2008,26(3):395-398.

[6] 蔡怀行,雷宏. SAR 与可见光图像融合效果客观评价[J]. 科学技术与工程,2011,11(15):3456-3461.

[7] 陈春香,常化文,宗学宝,等. 基于色彩空间与小波变换的图像融合[J]. 桂林工学院学报,2007,27(3):417-421.

[8] 孙小丹. 基于小波低频分量微调的 IHS 变换融合及其应用[J]. 遥感技术与应用,2011,26(3):328-332.

[9] 何国金,李克鲁,胡德永,等. 多卫星遥感数据的信息融合:理论、方法与实践[J]. 中国图像图形学报,1999,4(9):744-749.

[10] 张宇. 多尺度图像分割和颜色传递的遥感图像彩色化增强[J]. 测绘学报,2015,44(1):76-81.

[11] 吕笃良. 基于非下采样剪切波变换与引导滤波结合的遥感图像增强[J]. 计算机应用,2016, 36(10):2880-2884.

[12] 杨煊,裴继红,杨万海.基于边缘信息的多光谱高分辨图像融合方法[J].自动化学报,2002,28(3):441-444.

[13] Alparone L, Aiazzi B, Baronti S, et al. Spectral information extraction from very-high resolution images through multiresolution fusion[J]. Proceedings of the SPIE(S0277-786X),2004,5573:1-8.

[14] Aiazzi B, Alparone L, Baronti S, et al. Spectral information extraction by means of Ms + Pan fusion [C]// Proceedings of ESA-EUSC 2004-Theory and Applications of Knowledge-Driven Image Information Mining with Focus on Earth Observation. Madrid, Spain; European Space Agency,2004:143-150.

[15] 李春华,徐涵秋.高分辨率遥感图像融合的光谱保真问题[J].地球信息科学,2008,10(4):520-526.

[16] LIU J G. Smoothing Filter-based Intensity Modulation: A Spectral Preserve Image Fusion Technique for Improving Spatial Details[J]. International Journal of Remote Sensing,2000, 21(18):3461-3472.

[17] 陈俊,王文,李子扬,等. LANDSAT-STM 数据的辐射校正与几何定位精度[J].中国图像图形学报,2008(6):1094-1100.

[18] 孙家炳.遥感原理与应用[M].武汉:武汉大学出版社,2013.

[19] 周春城,李传荣,胡坚,等.基于行频变化的航空高光谱成像仪相对辐射校正方法研究[J].遥感技术与应用,2012(1):33-38.

[20] 郭飞.机载成像光谱仪辐射校正与性能评估研究[D].南京:南京理工大学,2015.

[21] 勾志阳,晏磊,陈伟,等.无人机高光谱成像仪场地绝对辐射定标及验证分析[J].光谱学与光谱分析,2012,32(2):430-434.

[22] 方薇,张冬英,钱玮,等. LCTF 调谐的高光谱成像系统辐射定标方法研究[J].光学技术,2009,35(3):359-362.

[23] 华厚强.单 CCD 四波段光谱成像仪的定标与图像校正[D].成都:电子科技大学,2009.

[24] 武永利,栗青,田国珍.基于 6S 模型的 FY-3A/MERSI 可见光到近红外波段大气校正[J].应用生态学报,2011,22(6):1537-1542.

[25] 权文婷.不同季节下 FY-3B/MERSI 数据大气校正前后对比[J].干旱气象,2015,33(4):666-674.

[26] 姚薇. Landsat 卫星遥感影像的大气校正方法研究[J].大气科学学报,2011,34(2):251-256.

[27] 何贵青,齐敏,赵海涛,等.一种基于 SFIM 和 IHS 变换的图像融合算法[J].西北工业大学学报,2008,26(1):41-46.

[28] 张涛,刘军,杨可明,等.结合 Gram-Schmidt 变换的高光谱影像谐波分析融合算法[J].测绘学报,2015,44(9):1042-1047.

[29] 赵鲁燕,尹君.图像融合效果评价方法研究[J].遥感信息,2005(4):16-17.

[30] 苏媛媛,李英杰,周志峰.遥感图像融合算法与质量评价探讨[J].工程勘察,2012,40(12):70-74.

[31] 韩冰,赵银娣.一种改进的 SFIM 高光谱图像融合算法[J].遥感信息,2012,27(5):44-47,54.

[32] 杨景辉.遥感影像像素级融合通用模型及其并行计算方法[D].武汉:武汉大学,2014.

[33] Chavez P S Jr, Slides S C, Anderson J A. Comparison of Three Different Methods to Merge Multiresolution Data: Landsat TM and SPOT Panchromatic[J]. PE&RS,1991,57(3):295-303.

[34] Pohl C, Genderen J L. Multisensor Image Fusion in Remote Sensing: Concepts, Methods and Applications [J]. International Journal of Remote Sensing, 1998,19(5):823-854.

[35] 孙丹峰. IKONOS 全色与多光谱数据融合方法的比较研究[J].遥感技术与应用,2002,17(1):41-45.

[36] 蔡蘅,王结贵,杨瑞霞,等.基于 FCD 模型的且末绿洲植被覆盖度时空变化分析[J].国土资源遥感,

2013,25(2):131-137.
[37] 黄金,潘泉,皮燕妮,等.基于区域特征加权的 IHS 图像融合方法[J].计算机工程与应用,2005(6):39-41.

第三篇　基于植被覆盖度和掩模相结合提取植被密集覆盖区矿产弱信息

第 9 章　微弱信号处理基础理论

研究区(鄂西聚磷区)内,煤矿均分布在植被密集覆盖山区。煤矿开采为硐采,并且煤及煤矸石为弱信息,难以从中等分辨率的遥感影像上识别出来。微弱信息是指深埋在背景噪声中微弱的有用信号。在物理学、化学、工程技术、天文、生物、医学等领域存在着大量的这种信号[1]。遥感微弱信息是一个相对概念,弱信息处理和挖掘水平与传感器探测能力、对象物理化学特性和算法模型机制有密切关联。根据科学研究者们 20 多年的工作经验,认为微弱信息特性的电磁波表现为弱吸收谷;根据像元统计弱信息的像元数量小于处理像元数的 5%;线状微弱信息的空间展布一般要跨 10 以上的像元。

恢复或增强一个信号,即改善信噪比,通常是采取降低与信号所伴随的噪声。对于存在噪声的非周期信号,通常是用滤波器来减小系统的噪声带宽,即所谓带宽压缩法。这样可以使有用信号顺利通过,而噪声则受到抑制,从而使信噪比得到改善。对于深埋在噪声中的周期重复信号,通常采用锁定放大法和取样积分法来改善信噪比[2]。

从遥感数据中识别和提取有用的微弱信息应当考虑两个方面的问题[3]:①识别——传感器与定标,解决有没有的问题;②提取方法——锁定放大(减法、微分)和取样积分(加法、积分)。锁定放大——采用相敏检波及低通滤波来压缩等效噪声带宽,以抑制噪声,从而检测出深埋在噪声中的周期性重复信号的幅值和相位,如 MPH、Givens 方法;取样积分——用取样门及积分器对信号进行逐次取样并进行同步积累,以筛除噪声,从而恢复被噪声淹没的周期性重复信号的波形,如 Gram 投影方法。

§9.1　图像处理基础

9.1.1　图像数据压缩[4]

为了图像的传送和记忆而压缩数据,并有效地表现图像的过程称为图像压缩,图像压缩可由将图像正交变换,并利用适当地量子化形的变换压缩符号化或预测符号化等进行。

理论上最佳的变换压缩方法可认为是采用 KL 变换的方法。但是,由于它是依赖于数据形式的压缩方法,且计算量也大,所以实际上几乎不采用此方法,因为通常的图像能量集中于低带域,从而图像的离散性傅里叶变换值在高频带域急剧减小,所以可用几个比较少的频率分量表示,而进行数据压缩。采用离散傅里叶变换的方法正如采用 KL 变换的方法那样,各频率成分的值不是彼此无关的。所以,该方法不是最好的数据压缩方法。但是,由于它是不依赖于数据形式的压缩方法,且在离散性傅里叶变换的计算中,可利用 FFT(快速傅里叶变换)的快速算法,所以在实际中常常使用此方法。

在可利用的与 FFT 同样快速算法的变换压缩方法中,有利用离散性余弦变换的方法,且被广泛使用,它基本上与利用离散性傅里叶变换的数据压缩方法相同,但是更适于图像的数据压缩。

就计算简单、计算量少的变换压缩方法而言,有利用沃尔什－阿达玛变换的方法和利用哈尔变换的方法,也有利用预测符号化想法的数据压缩方法。将图像的数据用预测值和预测误差的和表示,因为图像在某点的值多数可用在其附近的几个点的值的线性组合预测,且预测误差远较预测值为小。所以,采用将预测误差符号化而进行数据的压缩较好。

9.1.2 图像的复原[4]

在观测系统特性不完全或在观测系统中存在杂音时,被观测到的图像产生劣化。为了尽可能得到近于原图像的图像,必须进行图像的复原。

图像的劣化可认为是由与观测系统有关的因素和由外部杂音决定的因素引起。因此,若设原图像为 $x[n_1,n_2]$,观测到的劣化了的图像为 $y[n_1,n_2]$,为表示观测系统劣化特性的系统函数 $h[n_1,n_2]$,外部杂音,则为系统的特性,因此作为与场所无关的情况下的图像劣化模型可考虑为

$$y[n_1,n_2] = \sum_{m_1=-\infty}^{\infty}\sum_{m_2=-\infty}^{\infty} h[n_1-m_1,n_2-m_2]x[m_1+m_2] + \xi[n_1,n_2] \tag{9-1}$$

因为系统函数或脉冲响应 $h[n_1,n_2]$是表示对于点光源即脉冲 $\delta[n_1,n_2]$的劣化图像,所以称为点扩展函数。

为了图像复原,必须求出系统函数,作为寻求的方法有直接观测对应于已知光源的劣化图像的方法和解析观测系统的方法。如果得到系统函数,则图像复原就变成滤波问题了,对此,已知有利用逆滤波或维纳滤波的方法。

即使在没有关于图像劣化知识的情况下,在可忽略杂音,且问题只是图像模糊时,利用拉普拉斯算符的处理也是有效的。

拉普拉斯算符 ∇^2 是一种微分算符,定义为

$$\nabla^2 x[n_1,n_2] = x[n_1+1,n_2] + x[n_1,n_2+1] + x[n_1-1,n_2] + x[n_1,n_2-1] - 4x[n_1,n_2] \tag{9-2}$$

由于利用拉普拉斯算符 ∇^2 处理,可在某种程度上消除模糊,像这样的处理被称为图像线锐化。

9.1.3 图像的增强

在图像观测中,为了某种目的而只强调重要的部分,这就叫图像增强。在图像的增强中有利于浓度层次变换的对比度的增强,利用因浓度变化大小的改变而引起轮廓变化的增强,以及采用除去噪声和背景的对象图像的增强等[4]。

当图像整体过明或过暗时,若对图像的浓度进行适当的层次变换,则变得容易观察且鲜明,若进行使浓淡显著那样的层次变换,则可增强对比度。

由观察浓淡图像的空间梯度可检测轮廓和线分量。

9.1.4 图像再构

观察三维物体的内部结构,尽管较为困难,但若得到与来自分布于物体内部的某种目的物理量有关的几个方向的投影数据,则可由一组数据出发构成表示原来物理量的空间分布。这样的图像处理就称为根据投影数据的图像再构[4]。

设作为对象的断面中的目的物理量的分布(即断层像)为$f(x,y)$,将直角坐标系仅只旋转角度θ,并作为新的坐标系,则将与$f(x,y)$对应且定义为

$$g(\xi,\theta) = \int_{-\infty}^{+\infty} f(x,y)\,\mathrm{d}\eta \tag{9-3}$$

函数$g(\xi,\theta)$称为$f(x,y)$在θ方向的投影,并将从$f(x,y)$到$g(\xi,\theta)$的变换称为拉顿变换。

投影$g(\xi,\theta)$对于ξ的傅里叶变换$G(\gamma,\theta)$为

$$G(\gamma,\theta) = \int_{-\infty}^{+\infty} g(\xi,\theta)\mathrm{e}^{-i\xi r}\mathrm{d}\xi = \int_{-\infty}^{+\infty}\int_{-\infty}^{+\infty} f(x,y)\mathrm{e}^{-i\xi r}\mathrm{d}\xi\mathrm{d}\eta \tag{9-4}$$

其中,ξ和η分别为

$$\xi = x\cos\theta + y\sin\theta$$
$$\eta = -x\sin\theta + y\cos\theta \tag{9-5}$$

J是关于x,y的雅可比(Jacobian)行列式

$$y[n_1,n_2] = \sum_{m_1=-\infty}^{\infty}\sum_{m_2=-\infty}^{\infty} h[n_1-m_1,n_2-m_2]x[m_1+m_2] + \xi[n_1,n_2] \tag{9-6}$$

且有$|J| = 1$。

而$f(x,y)$的傅里叶变换$F(u,v)$为

$$F(u,v) = \int_{-\infty}^{+\infty}\int_{-\infty}^{+\infty} f(x,y)\mathrm{e}^{-i(x^u+y^v)}\mathrm{d}x\mathrm{d}y \tag{9-7}$$

这里利用了断层像$f(x,y)$的投影$g(\xi,\theta)$对于ξ的傅里叶变换$G(\gamma,\theta)$等于$f(x,y)$的二维傅里叶变换$F(u,v)$的极坐标表示,从而证明了由投影$g(\xi,\theta)$反过来可再构成断层像$f(x,y)$,即在投影的一维傅里叶变换给出的断层像的傅里叶变换的极坐标形式变换为直角坐标系后,若进行二维逆傅里叶变换,则可得到目标量的断层像。实际上,因为直接进行二维逆傅里叶变换在计算精度、稳定性等方面存在问题,为此而花了不少功夫,做了各种各样的尝试。

§9.2 微弱信号(信息)提取原理

9.2.1 锁定放大器[5]

9.2.1.1 锁定放大器的构成原理

图9-1即为锁定放大器的构成原理框图。从总体来看,锁定放大器可以分为三个主要部分,即信号通道、参考通道、相敏检波(PSD)及低通滤波器[5]。

信号通道的作用是将伴有噪声的输入信号放大,并经选频放大对噪声做初步处理。参考通道的作用是提供一个与输入信号同相的方波或正弦波。相敏检波的作用是对输入信号和参考信号完成乘法运算,从而得到输入信号与参考信号的和频与差频信号。低通滤波的作用是滤除和频信号成分,这时的等效带宽很窄,从而可以提取深埋在噪声中的微弱信号。

由于该放大器将被测信号和参考信号的相位锁定,故称为锁定放大器。锁定放大器实质上是一个采用相敏检波器的交流电压表。普通交流电压表是将信号和噪声一同检出,而锁定放大器只检出输入信号和与输入信号同频且同相的噪声,其结果使噪声成分大幅度降低。

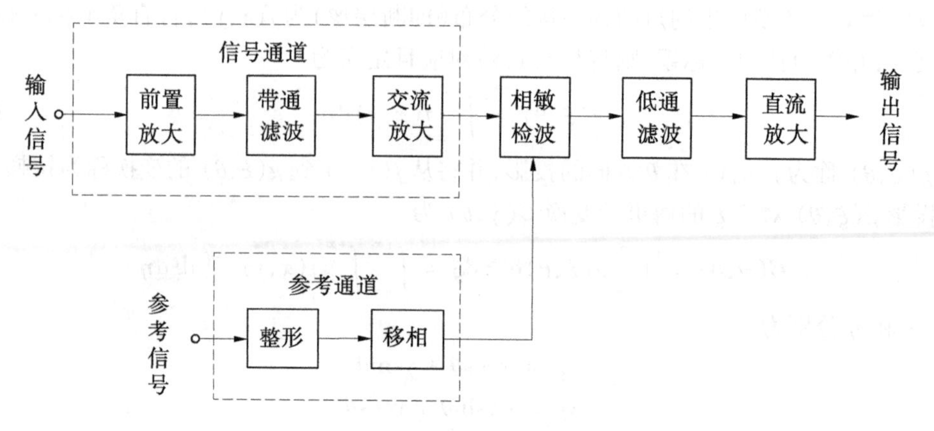

图 9-1　基本锁定放大器原理框图

9.2.1.2　**锁定放大器中的信号相关原理**[4]

设 $x(t)$ 是伴有噪声的待测信号,则

$$x(t) = s(t) + n(t) = A\sin(\omega_c + \varphi) + n(t) \tag{9-8}$$

其中,$s(t)$ 为有用信号,其幅值为 A,角频率为 ω_c,初相角为 φ,$n(t)$ 为噪声信号。正弦型参考信号为 $y(t) = B\sin\omega_c(t + \tau)$,则二者的互相关函数为

$$\begin{aligned} R_{xy}(\tau) &= \lim_{T\to+\infty}\frac{1}{T}\int_0^T B\sin\omega_c(t + \tau)\,[A\cdot\sin(\omega_c t + \varphi) + n(t)\mathrm{d}t \\ &= \frac{AB}{2}\cos(\omega_c\tau - \varphi) + R_{ny}(\tau)] \end{aligned} \tag{9-9}$$

由于参考信号 $y(t)$ 与随机噪声 $n(t)$ 互不相关,所以有下式成立

$$R_{ny}(\tau) = 0 \tag{9-10}$$

因此,式(9-9)可表示为

$$R_{ny}(\tau) = \frac{AB}{2}\cos(\omega_c\tau - \varphi) \tag{9-11}$$

式(9-11)说明,$R_{ny}(\tau)$ 正比于有用信号的幅值,若取 $\omega_c\tau - \varphi = 0$,即 $y(t)$ 与 $s(t)$ 同相,则 $R_{ny}(\tau)$ 取最大值。

由上面分析可知,利用参考信号与有用信号具有相关性,而参考信号与噪声相互独立、互不相关,可以通过互相关运算削弱噪声的影响,从而达到抑制噪声的目的。在锁定放大器中,移相器起可变时间延迟环节的作用,通过调整移相器可保证参考信号与有用信号同相,从而使信噪比改善为最佳。

9.2.1.3　**锁定放大器的特性**

锁定放大器除具有一般放大器所共有的特性之外,还具有若干特殊的特性[5]。

1. 等效噪声带宽

不论是周期信号还是非周期信号,其幅度或功率都可以用它的频率分量表示,即可以用傅里叶级数或傅里叶积分表示。描述各个傅里叶分量的图形称为频谱图或波谱。周期信号的频谱是离散的,它们所对应的离散频率与基波频率的诸谐波频率重合。每个频率分量的功率即幅度的平方,在噪声理论中习惯把幅度的平方看作功率可用图上一根具有适当长度的线来表示,这些线称为谱线。信号的功率谱给出了信号的各个频率分量提供的频率在整个频率范围内的分布情况。信号的总功率或信号的均方值,等于每个频率分量各自提供的功率之和。在给定信号总功率下,每个分量所提供的功率必然随分量数目的增多而减小。

一个随机信号可以看作是一个具有无限长周期的周期信号,在这种信号的频谱中,频率间隔趋近于零。其功率谱必然具有无限数目的谱线,而所有谱线都有无限小幅度,这样一来,对随机信号来说,功率谱分量缩小到零,因而无法用谱线表示出来。但是,用功率谱密度能够克服这种困难。当谈论随机信号时,不能真正说出在某一频率下它有多少功率,而只能说在该频率下每单位带宽有多少功率。因此,功率谱恰好是幅度谱的平方,单位是 V^2(伏^2),而功率谱密度的单位则为 V^2/Hz。

与白光相类比,在所有的频率下具有等功率谱密度的噪声称为白噪声。真正的白噪声具有无限的带宽,因而有无限的功率,这在实际系统中是永远不会有的。如果在所研究的频带内噪声具有平直的功率谱密度,通常把这种噪声称为白噪声[6]。

在锁定放大器中,若相敏检波之后采用一阶 RC 低通滤波器,其频率响应函数为

$$|H(f)| = \frac{1}{\sqrt{1+4\pi^2 f^2 R^2 C^2}} \tag{9-12}$$

频率响应峰值 $H_p=1$,这时等效噪声带宽为

$$B_{eq} = \frac{\int_0^\infty |H(f)|^2 df}{H_p^2} = \frac{1}{4RC} \tag{9-13}$$

如取 $T_0 = RC = 30$ s, 则 $B_{eq} = 0.008\ 3$ Hz。

如采用二阶 RC 低通滤波器,则可求出其等效噪声带宽为

$$B_{eq} = \frac{1}{8RC} \tag{9-14}$$

2. 信噪比的改善

若噪声为白噪声,在锁定放大器的输入端,其噪声功率为

$$E_{ni}^2 = G_i B_i \tag{9-15}$$

式中: G_i 为白噪声功率谱密度; B_i 为输入信号的噪声带宽。

锁定放大器输出端的噪声功率为

$$E_{n0}^2 = \int_0^\infty G_0(f)\, df = G_i \int_0^\infty |H(f)|^2 df = G_i H_p^2 B_{eq} \tag{9-16}$$

式中: G_0 为输出端噪声功率谱密度; B_{eq} 为锁定放大器等效噪声带宽。

设输入端有用信号功率为 $P_{si} = E_{si}^2$,则输出端有用信号功率为

$$P_{s0} = E_{s0}^2 = E_{si}^2 H_p^2 \tag{9-17}$$

因此,可以写出锁定放大器输入端的信噪(功率)比表达式

$$\left(\frac{S}{N}\right)_{ip} = \frac{P_{si}}{P_{ni}} = \frac{E_{si}^2}{G_i B_i} \tag{9-18}$$

输出端的信噪(功率)比表达式为

$$\left(\frac{S}{N}\right)_{op} = \frac{P_{s0}}{P_{n0}} = \frac{E_{si}^2 H_p^2}{G_i H_p^2 B_{eq}} = \frac{E_{si}^2}{G_i B_{eq}} \tag{9-19}$$

由上述两式可以求出,使用锁定放大器所获得的信噪(功率)比的改善表达式

$$\frac{(S/N)_{\text{op}}}{(S/N)_{\text{ip}}} = \frac{B_{\text{i}}}{B_{\text{eq}}} \tag{9-20}$$

信噪(电压)比的改善表达式为

$$\frac{(S/N)_{\text{ON}}}{(S/N)_{\text{iv}}} = \frac{\sqrt{B_{\text{i}}}}{\sqrt{B_{\text{eq}}}} \tag{9-21}$$

如输入信号的噪声带宽 B_{i} = 10 kHz ,锁定放大器的等效噪声带宽 B_{eq} =0.25 Hz,则信噪(电压)比的改善为200倍。

9.2.2 取样积分器[6]

利用相关检测技术解决了频域信号的高灵敏、窄带化接收问题。而对缓变时域微弱信号通过调制器转变为频域信号后,可继续利用相关检测技术,实现对缓变或直流微弱信号的检测。但是,若需同时测定时域信号中所包含的丰富的频率分量,采用相失检测方法就有它的局限性。另外,即使测量的是交流信号,信号波形中也可能包含许多谐波分量。用相关检测技术可通过逐步检测得出信号的频谱,但不能立即直观地反映被测波形。人们对被测微弱信号的了解,往往不仅希望知道它的大小,而且想看到它的波形,这正像我们在调试放大器电路时,不仅要用交流电压表测量其输入、输出电压的大小变化,以便求得该电路的放大倍数,而且要用示波器观察输入、输出电压的波形。看其是否发生了饱和或截至引起的波形时变。从某种意义上讲,后者显得更为重要,因为它能完整地反映信号的全貌。用这个例子作类比,我们就不难理解对时域微弱信号检测的重要性了。

要从被噪声淹没了的混杂信号中提取有用信号的波形,必须采用取样技术与积分平均技术的结合。

取样积分器有两种工作方式:定点式和扫描式。定点式用于测量脉冲信号的幅值,扫描式用于恢复和记录被测信号的波形[6]。

9.2.2.1 **定点式取样积分器**

1.结构原理

定点式取样积分器有两种结构形式:门控低通滤波器式和门控积分器式。门控低通滤波器式取样积分器采取的工作模式是指数平均式,而门控积分器式取样积分器采取的工作模式是线性积累式。

如果在一次测量中,取样次数为 n,一次取样的时间为 T_{g},则经过 n 次取样后,对于门控低通滤波式,电容 C 上的电压 V_{c} 以指数平均模式接近与门脉冲对应处的输入信号平均值,对于门控积分式,电容 C 上的电压按线性积累模式增长。而噪声由于其随机性,使得它在电容 C 上的噪声电压积累只按统计平均规律增长,结果使信噪比得到改善。

定点式取样积分器的工作波形如图 9-2 所示。由波形可以看出,与被测信号同步的触发脉冲经延时电路去触发取样脉冲电路,使其产生一定宽度的取样脉冲,并以此脉冲控制取样门,对输入信号的瞬时值取样,然后在积分电容上进行积累和平均。输出信号幅度随取样次数增加而增加。根据不同被测信号的要求,延时 τ 和脉冲宽度 T_{g} 都是可调的[7]。

使用定点模式时,往往不是注重于信号波形的恢复,而是重视信号的大小,注重把微弱信号从噪声、干扰中提取出来。

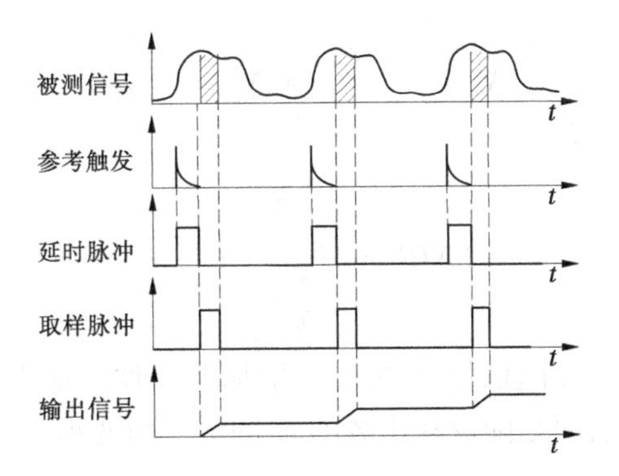

图 9-2　定点式取样积分器的工作波形

2. 信噪比的改善[8]

由于定点式取样积分器有门控低通滤波和门控积分两种，并分别对应着指数平均和线性积累两种工作模式，因此二者的信噪比改善程度不同。

对于指数平均模式，若每隔时间 T 秒取样门被接通 T_g 秒时间，则占空因子 $r = \frac{T_g}{T} = T_g f$，其中 $f = \frac{1}{T}$。当被测信号 v_i 阶跃电压时，输出 v_0 将按照指数平均模式呈阶梯式指数增长。但是，该阶梯式指数曲线的等效时间常数 τ_{eff} 比阻容电路的时间常数 RC 大得多，其值为

$$\tau_{eff} = \frac{RC}{r} = \frac{RC}{T_g f} \tag{9-22}$$

门控 RC 低通滤波器的噪声带宽 B_{no} 就是 RC 低通滤波器的等效噪声带宽，即 $B_{no} = \frac{1}{4RC}$。若输入缓冲放大器的等效噪声带宽为 B_{ni}，其增益为 1，则信噪比的改善为

$$SNIR = \frac{(\frac{S}{N})_{ov}}{(\frac{S}{N})_{iv}} = \sqrt{\frac{B_{ni}}{B_{no}}} = \sqrt{4RCB_{ni}} \tag{9-23}$$

定点式取样积分器的取样周期 T 由被测信号 v_i 重复周期决定，而取样脉冲宽度 T_g 则由输入信号带宽，即输入缓冲放大器的带宽所限定，$T_g = \frac{1}{2B_{ni}}$。将此式代入式(9-23)，就可以得到

$$SNIR = \sqrt{\frac{2RC}{T_g}} \tag{9-24}$$

由式(9-24)可知，增加时间常数（RC）有利于改善信噪比，但是要增加测量时间。因此，信噪比的改善是以增加测量时间为代价的。对于线性积累模式，若被测信号 v_i 阶跃电压脉冲，输出 v_0 是呈线性积累模式线性阶梯式增长。当取样次数 m 选定并经 m 次取样后，可通过开关使积分器复原。

由于信号取样是线性相加，即取算术和，而噪声电压是按统计平均规律增长，即取“平方和之根”。因此，这时输出的信噪比为

$$\left(\frac{S}{N}\right)_{ov} = \frac{S_1 + S_2 + \cdots + S_m}{\sqrt{N_1^2 + N_2^2 + \cdots + N_m^2}} = \frac{mS}{\sqrt{mN^2}} = \sqrt{m}\,\frac{S}{N} \tag{9-25}$$

从而得到信噪比的改善为

$$SNIR = \frac{\left(\frac{S}{N}\right)_{ov}}{\left(\frac{S}{N}\right)_{iv}} = \sqrt{m} \tag{9-26}$$

可见,信噪比的改善程度随取样次数 m 的增加而增加。这也说明,门控积分器式电路的等效噪声带宽不为常数,而是随取样次数的 m 的增加而变小。

§9.3 微弱信息提取方法

9.3.1 Gram-Schmidt 投影方法原理

在平方可积的函数空间内,任何一组相互独立的向量,我们都可以利用 Gram-Schmidt 方法找到一组该向量的正交基。Gram-Schmidt 构造算法如下:设 $\{\eta_1,\eta_2,\cdots,\eta_i\}$ 是一组相互独立的向量,利用下列方式构造该向量组的正交基[9]。

$$\beta_1 = \frac{\eta_1}{\|\eta_1\|_2};\beta_i = \frac{\eta_i - \hat{\eta}_i}{\|\eta_i - \hat{\eta}_i\|_2};\hat{\eta}_i = \sum_{k=1}^{i}(\eta_i\beta_k)\beta_k \tag{9-27}$$

将遥感数据的一个 $M \times N$ 大小图像当成一个 $M \times N$ 维向量,所有波段的遥感数据组成一组线性独立的向量。利用 Gram-Schmidt 投影方法构造多波段遥感数据的正交向量,如图 9-3 所示。

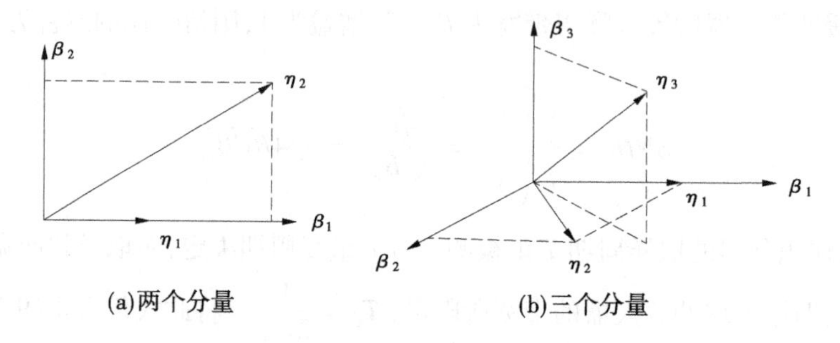

图 9-3 两个分量和三个分量正交分解图

从几何上讲,每一个正交量是去掉相关分量后剩余分量。而 η_i 在 $\beta_1,\beta_2,\cdots,\beta_{i-1}$ 上的投影分量是在 $\beta_1,\beta_2,\cdots,\beta_{i-1}$ 组成的向量空间中对 η_i 的最小均方估计。设 L_2 为平方可积函数的集合,遥感影像表示传感器所接收到的地面电磁反射和辐射的有限能量,可以把原始 TM 影像 $TM_{1,2,3,4,5,6,7}$ 看作 L_2 空间线性独立的随机变量序列。从前面公式可以看出,第一个初始向量的选择被设定为基向量,其他向量顺序的前面向量所组成的空间内投影,并且从本身中减去在前面向量空间的估计,剩下不相关的分量。将上面的公式写成矩阵形式得到:

$$\begin{bmatrix}\beta_1\\ \beta_2\\ \vdots\\ \beta_n\end{bmatrix}=\begin{bmatrix}\gamma_{11} & 0 & \cdots & 0\\ \gamma_{21} & \gamma_{22} & 0 & 0\\ \vdots & \vdots & & \vdots\\ \gamma_{n1} & \gamma_{n2} & \cdots & \gamma_{nn}\end{bmatrix}\begin{bmatrix}\eta_1\\ \eta_2\\ \vdots\\ \eta_n\end{bmatrix} \tag{9-28}$$

从矩阵形式看，$\beta_1,\beta_2,\cdots,\beta_n$ 是由 $\eta_1,\eta_2,\cdots,\eta_n$ 线性变换得到的，所以它们具有相同的信息空间。

9.3.2 独立主成分分析法(Independent Component Analysis,ICA)

ICA 是盲信号处理的一个组成部分，是 20 世纪 90 年代后期(1986、1991)发展起来的一项新处理方法，最早是针对“鸡尾酒会问题”这一声学问题发展起来的。假设在 party 中有 n 个人，他们可以同时说话，我们也在房间中一些角落里共放置了 n 个声音接收器(Microphone)用来记录声音。宴会过后，我们从 n 个麦克风中得到了一组数据[6]

$$\{x^{(i)}(x_1^{(i)},x_2^{(i)},\cdots,x_n^{(i)});i=1,2,\cdots,m\} \tag{9-29}$$

i 表示采样的时间顺序，也就是说共得到了 m 组采样，每一组采样都是 n 维的。我们的目标是单单从这 m 组采样数据中分辨出每个人说话的信号。

将上述问题细化一下，有 n 个信号源 $s(s_1,s_2,\cdots,s_n)^{\mathrm{T}},s\in R^n$，每一维都是一个人的声音信号，每个人发出的声音信号独立。A 是一个未知的混合矩阵(mixing matrix)，用来组合叠加信号 s，那么 $x=As$，这里的 x 不是一个向量，而是一个矩阵。其中，每个列向量是 $x^{(i)}$，$x^{(i)}=As^{(i)}$，表示成图就是图 9-4 所示[10]。

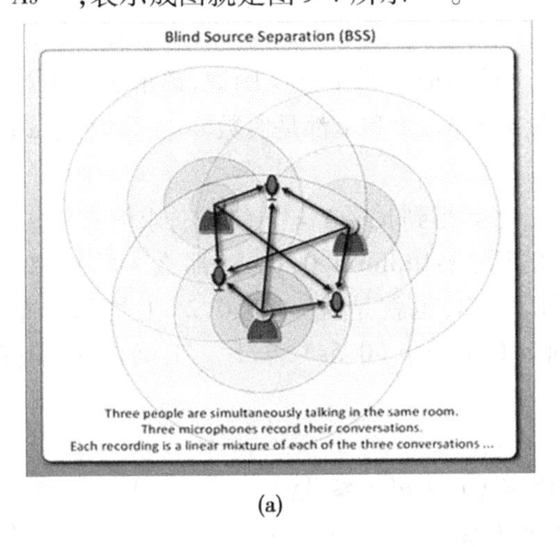

(a)

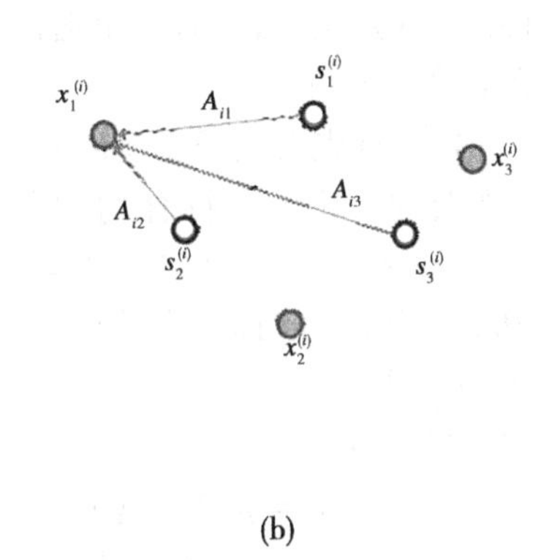

(b)

图 9-4 叠加信号表示示意图

$x^{(i)}$ 的每个分量都由 $s^{(i)}$ 的分量线性表示。A 和 s 都是未知的，x 是已知的，我们要想办法根据 x 来推出 s。这个过程也称作为盲信号分离。

令 $w=A^{-1}$，那么 $s^{(i)}=A^{-1}x^{(i)}=wx^{(i)}$

将 w 表示成

$$w = \begin{bmatrix} - & \omega_1^{\mathrm{T}} & - \\ & \vdots & \\ - & \omega_n^{\mathrm{T}} & - \end{bmatrix} \tag{9-30}$$

其中 $w_i \in R^n$,其实就是将 w_i 写成行向量形式。那么得到 $s_j^{(i)} = w_j^{\mathrm{T}} x^{(i)}$ 。

9.3.2.1 ICA 的不确定性(ICA ambiguities)[11]

由于 w 和 s 都不确定,那么在没有先验知识的情况下,无法同时确定这两个相关参数。比如上面的公式 $s = wx$。当 w 扩大 2 倍时,s 只需要同时扩大 2 倍即可,等式仍然满足,因此无法得到唯一的 s。同时如果将人的编号打乱,变成另外一个顺序,如图 9-4(b)中空心节点的编号变为 3,2,1,那么只需要调换 A 的列向量顺序即可,因此也无法单独确定 s。这两种情况称为原信号不确定。

还有一种 ICA 不适用的情况,那就是信号不能是高斯分布的。假设只有两个人发出的声音信号符合多值正态分布,$s:N(0,I)$,I 是 2×2 的单位矩阵,s 的概率密度函数就不用说了吧,以均值 0 为中心,投影面是椭圆的山峰状(参见多值高斯分布)。因为 $x = As$, 因此 x 也是高斯分布的,均值为 0,协方差为 $E[xx^{\mathrm{T}}] = E[Ass^{\mathrm{T}}A^{\mathrm{T}}] = AA^{\mathrm{T}}$ 。

令 R 是正交阵 $(RR^{\mathrm{T}} = R^{\mathrm{T}}R = I)$, $A' = AR$ 。如果将 A 替换成 A',那么 $X' = A's$ 。s 分布没变,因此 X' 仍然是均值为 0,协方差

$$E[x'(x')^{\mathrm{T}}] = E[A'ss^{\mathrm{T}}(A')^{\mathrm{T}}] = E[AR\,ss^{\mathrm{T}}(AR)^{\mathrm{T}}] = ARR^{\mathrm{T}}A^{\mathrm{T}} = AA^{\mathrm{T}} \tag{9-31}$$

因此,不管混合矩阵是 A 还是 A',x 的分布情况是一样的,那么就无法确定混合矩阵,也就无法确定原信号。

9.3.2.2 密度函数和线性变换

假设随机变量 s 有概率密度函数 $P_S(s)$ (连续值是概率密度函数,离散值是概率)。为了简单,再假设 s 是实数,还有一个随机变量 $x = As$, A 和 x 都是实数[12]。令 P_x 是 x 的概率密度,那么怎么求 P_x ?

令 $w = A^{-1}$,首先将式子变换成 $s = wx$,然后得到 $p_x(x) = p_s(Ws)$,求解完毕。可惜这种方法是错误的。比如 s 符合均匀分布的话(s:Uniform[0,1]),那么 s 的概率密度是 $p_s(s) = 1\{0 \leqslant s \leqslant 1\}$,现在令 $A = 2$,即 $x = 2s$,也就是说 x 在[0,2]上均匀分布,可知 $p_x(x) = 0.5$ 。然而,前面的推导会得到 $p_x(x) = p_s(0.5s) = 1$ 。正确的公式应该是 $p_x(x) = p_s(w_\chi)\,|\,w\,|$ 。

推导方法如下:

$$F_x(x) = p(X \leqslant \chi) = p(AS \leqslant \chi) = p(S \leqslant W\chi) = F_S(w\chi) \tag{9-32}$$

$$p_x(x) = F'_x(\chi) = F'_x(w\chi) = p_s(w\chi)\,|\,w\,| \tag{9-33}$$

更一般地,如果 s 是向量,A 是可逆的方阵,那么式(9-33)仍然成立。

9.3.2.3 ICA 算法

ICA 算法归功于 Bell 和 Sejnowski,这里使用最大似然估计来解释算法[12]。

假定每个 s_i 有概率密度 p_s ,那么给定时刻原信号的联合分布就是 $p(s) = \prod_{i=1}^{n} p_s(s_i)$,这个公式代表一个假设前提:每个人发出的声音信号各自独立。有了 $p(s)$,可以求得 $p(x)$

$$p(x) = p_s(w_\chi)\,|\,w\,| = |\,w\,| \prod_{i=1}^{n} p_s(w_i^{\mathrm{T}}\chi) \tag{9-34}$$

左边是每个采样信号 x(n 维向量)的概率,右边是每个原信号概率的乘积的 $|W|$ 倍。

前面提到过,如果没有先验知识,无法求得 W 和 s。因此需要知道 $p_s(s_i)$,我们打算选取一个概率密度函数赋给 s,但是不能选取高斯分布的密度函数。在概率论里知道密度函数 $p(x)$ 由累计分布函数(cdf) $F(x)$ 求导得到。$F(x)$ 要满足两个性质是:单调递增和在[0,1]。我们发现 sigmoid 函数很适合,定义域负无穷到正无穷,值域 0 到 1,缓慢递增。我们假定 s 的累积分布函数符合 sigmoid 函数

$$g(s) = \frac{1}{1+e^{-s}} \tag{9-35}$$

求导后

$$p_s(s) = g'(s) = \frac{\mathrm{e}^s}{(1+\mathrm{e}^s)^2} \tag{9-36}$$

这就是 s 的密度函数。这里 s 是实数。

如果预先知道 s 的分布函数,那就不用假设了,但是在缺失的情况下,sigmoid 函数能够在大多数问题上取得不错的效果。由于式(9-36)中 $p(s)$ 是个对称函数,因此 $E[s]=0$(s 的均值为0),那么 $E[x]=E[As]=0$,x 的均值也是0。知道了 $p_s(s)$,就剩下 W 了。给定采样后的训练样本 $p(s)$ $\{x^{(i)}(x_1^{(i)},x_2^{(i)},\cdots,x_n^{(i)});i=1,2,\cdots,m\}$,样本对数似然估计如下:

使用前面得到的 x 的概率密度函数,得

$$(w) = \sum_{i=1}^{m}\left(\sum_{j=1}^{n}\lg g'(\omega_j^{\mathrm{T}}x^{(i)}) + \lg|w|\right) \tag{9-37}$$

大括号里面是 $p(x^{(i)})$ 。

接下来就是对 W 求导了,这里牵涉一个问题是对行列式 $|W|$ 进行求导的方法,属于矩阵微积分。

$$\nabla_w|w| = |w|(w^{-1})^{\mathrm{T}} \tag{9-38}$$

最终得到的求导后公式如下,$\lg g'(s)$ 的导数为 $1-2g(s)$

$$w := w + \alpha\left\{\begin{bmatrix} 1-2g(\omega_1^{\mathrm{T}}x^{(i)}) \\ 1-2g(\omega_2^{\mathrm{T}}x^{(i)}) \\ \vdots \\ 1-2g(\omega_n^{\mathrm{T}}x^{(i)}) \end{bmatrix} x^{(i)\,\mathrm{T}} + (w^{\mathrm{T}})^{-1}\right\} \tag{9-39}$$

其中 α 是梯度上升速率,人为指定。

当迭代求出 W 后,便可得到 $s^{(i)}=wx^{(i)}$ 来还原出原始信号。

注:计算最大似然估计时,假设了 $x^{(i)}$ 与 $x^{(j)}$ 之间是独立的,然而对于语音信号或者其他具有时间连续依赖特性(比如温度)上,这个假设不能成立。但是在数据足够多时,假设独立对效果影响不大,同时如果事先打乱样例,并运行随机梯度上升算法,那么能够加快收敛速度。

9.3.2.4 ICA 算法的前处理步骤[12]

(1)中心化。也就是求 x 均值,然后让所有 x 减去均值,这一步与 PCA 一致。

(2)漂白。目的是将 x 乘以一个矩阵变成 $\tilde{x}$,使得 $\tilde{x}$ 的协方差矩阵是 I 。即

$$E\{\tilde{x}\tilde{x}^{\mathrm{T}}\} = I \tag{9-40}$$

只需用下面的变换，就可以从 x 得到想要的 $\tilde{x}$。

$$\tilde{x} = ED^{-\frac{1}{2}}E^{\mathrm{T}}x \tag{9-41}$$

其中使用特征值分解来得到 E(特征向量矩阵)和 D(特征值对角矩阵)，计算公式为

$$E\{\tilde{x}\tilde{x}^{\mathrm{T}}\} = EDE^{\mathrm{T}} \tag{9-42}$$

9.3.3 MPH 技术

MPH 技术突破了传统的以像素为基础的处理模式，实现了面向对象的单元分割，这种分割增加了特征内容的颜色、大小、形状和匀质性，这些性质丰富了遥感影像对目标信息的表达内容，系统设计框架将目标识别遥感特征表达和 MPH 算法组合优化机制密切结合，完成三次处理过程和优化。因此，MPH 的基本思想是从所需要的目标信息出发，依照需求领域知识，找到相应的刻画目标特性的模型，选择遥感波段最后挖掘出需要的弱信息，遥感弱信息处理技术框架见图 9-5[3]。

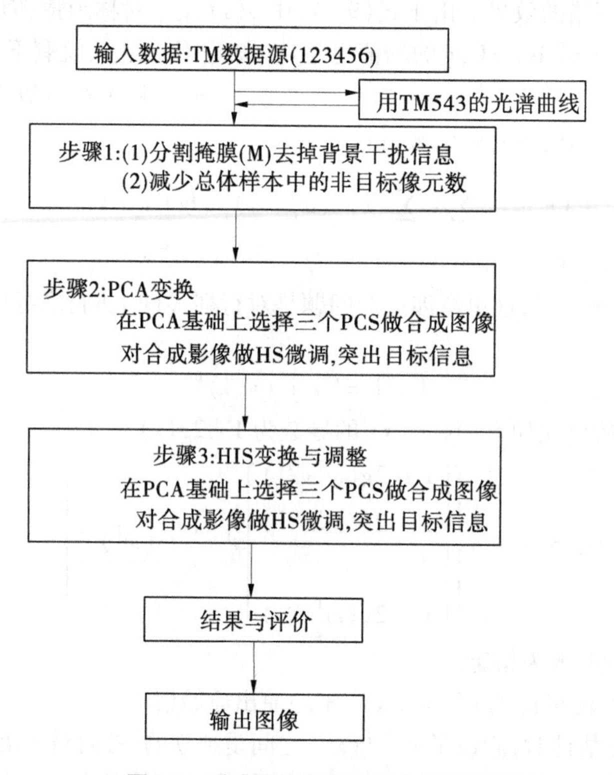

图 9-5 遥感弱信息处理技术框架示意图

MPH 算法流程与作用：

影像中的弱信息是相对于背景强信息，一般是确定的有用信息或对重要目标的指示性信息。根据图像处理任务，需要根据弱目标信息的特性选择相应的遥感数据[3]。

9.3.3.1 M 分割第一次剔除背景信息

MASKING 是对多光谱波段遥感影像分割的工具。有简单的对整幅图像 DN 值统计的分段直方图的方法，也有具有智能性能只对相邻像元 DN 值分布相关的洪水算法，我们采用

的是洪水算法(flood fill),也称为种子填充。根据起始点连接一个多组点的数组,这样可以有效地避免直方图分割对目标区像元的去除问题。

9.3.3.2 P 协方差排序第二次剔除冗余信息

主成分分析是将输入具有相关性的向量组合 $B_1,B_2,B_3\cdots$,重新组合成一组新的互相无关的向量组合 $P_1,P_2,P_3\cdots$,代替原来的向量组合 $B_1,B_2,B_3\cdots$。方差越大,表示 P_1 包含的共同信息越多。P_1 为第一主成分,P_2 为第二主成分。

(1)求多光谱波段 $B_1,B_2,B_3,\cdots$的协方差矩阵。找到的 $M\times M$ 的经验协方差矩阵的 c,计算矩阵特征值的对角化的协方差矩阵 C

$$V - CV = D \tag{9-43}$$

其中,D 是对角矩阵的特征值,矩阵 V 是空间维数包含 $P_1,P_2,P_3,\cdots$列向量,协方差矩阵 C 代表 $P_1,P_2,P_3,\cdots$的特征向量。将特征向量和特征值按递减的方式重新排列,P_1 已有的信息不再出现在 P_2 中。

(2)计算每个特征向量累积的能量含量。特征值代表了分布数据源的一个能量形式,能量含量的累积表现为特征值 1,可以选择向量的其中的一个或几个子集,减少特征向量代表的能量。

$$G[m] = \sum_{q=1}^{m} D[q,p] \quad (m = 1,2,\cdots,M) \tag{9-44}$$

在弱信息提取的实际操作中避免选择第一主成分 P_1,这样可以有效地剔除那些共同的但是对弱信息是冗余信息的部分。

9.3.3.3 H 色阶调整第三次区分异物同谱信息

IHS 变换是一种有效的图像彩色增强和图像信息增强的方法。IHS(intensity,hue,saturation)分别表示色调、亮度或强度和饱和度。遥感彩色调整中的 IHS 色度空间分别对应三个遥感波段的平均辐射强度,三者之间相关系数较小,在遥感弱信息提取中主要调整的是色度通过相同色度不同色阶的调整解决区分异物同谱的问题。

§9.4 小　结

本章主要介绍微弱信号处理理论,包括三大块的内容:图像处理基础理论,主要从图像数据压缩理论、图像复原理论、图像增强和图像再构方面介绍。微弱信号(信息)提取原理,主要从锁定放大器方面,着重介绍了锁定放大器的构成原理、锁定放大器的特性;取样积分器方面,着重介绍取样积分器的结构原理及取样积分器的特性。微弱信息提取方法方面,详细阐述了 Gram-Schmidt 投影方法原理、独立成分分析的方法原理及 MPH 技术的相关理论,为后续微弱信息提取研究奠定理论基础。

第 10 章　降低植被干扰的方法研究

§10.1　植被掩模

掩模是利用二值化的思想，通过切割方法将图像值分成掩模部分与保留部分，即生成只有"0"与"1"的二值图像，最后利用波段运算的方法去除干扰信息保留需要的信息[18]。

要想从植被密集区提取煤矿信息，如何能减小植被的影响是提取信息的关键。植被覆盖度（Fractional Vegetation Cover，VFC）是指单位面积内绿色植被（包括植被的枝茎叶等信息）的垂直投影面积所占的百分数，是反应生态环境与植被生长状态变化的重要指标，主要应用在气候模型、水文监测、生态环境模拟及植被普查等领域。目前，植被覆盖度的计算方法主要有两种，分别为地面实际测量与遥感数据反演。地面实际测量主要是通过目测法、照片分析法和仪器分析等方法对植被覆盖度进行计算，而遥感数据反演中植被指数（NDVI）和像元分析模型法是植被覆盖度计算的两种主要方法[19]。NDVI 是目前常用的方法，它通过建立实测地表植被覆盖度和试验区域的遥感数据植被指数之间的经验统计模型，进而向大面积区域的植被覆盖度推进。

10.1.1　植被指数的影响因素

根据植物的光谱特征可以看出，综合利用红光和红外波段来探测植被，会取得良好的结果[18]。诸多研究也表明，红光和红外波段是植被遥感反演的理想组合，这种波段间的不同组合，统称为植被指数。但是，与植物研究不同的是，植被的研究不仅涉及植物本身的特征，还涉及植物间植被的本底特征。要使植被指数达到定量测量的目的，首先要明确影响植被指数的各个因素。

许多研究者注意到影响植被指数的因子属于两种不同但又相互补偿的领域：生物领域和物理领域。一个被植被覆盖的面积单元的光学特性随着时间而变化，究其原因是与光学特性和植被覆盖状态相关的各种因子在不断变化所致。这些作用因子包括：影响植物光学特性的诸因素，叶绿素、细胞构造、含水量和矿物质含量等；植被覆盖的本底特征，如土壤特性（亮度、色度）、植物排列空间和方向、叶子分布等。另外，植被大气因子、传感器定标、传感器的光谱响应特性等均是影响植被指数的主要因子[19]。

10.1.1.1　土壤背景

土壤背景包括土壤结构、土壤构造、土壤颜色和湿度等，它对植被指数的影响较大，尤其是植被覆盖稀疏时，由于土壤背景的作用，红波段辐射会有很大的增加。而近红外波段辐射会减小。这一影响导致有些植被指数（如比值植被指数和垂直植被指数）不能对植被的光谱行为提供合适的描述。

1. 土壤颜色

土壤颜色是影响土壤背景的主要因素之一，也是影响植被指数的一个重要因素。土壤颜色变化使土壤线加宽,并且依赖于波长轴。由颜色形成噪声阻止了植被覆盖的探测,该噪声与由土壤特性变化而造成植被指数的增加有关。土壤颜色对于低密度植被区的反射率具有较大的影响,尤其在干旱环境下对植被指数的计算影响更严重。

2. 土壤亮度

土壤背景的差异势必会导致其环境反射率(即土壤亮度)的空间变化,进而对植被指数产生相当大的影响。针对土壤亮度对植被指数的影响,已经提出并发展了多种新的植被指数以便更合适地描述“土壤—植被—大气”系统。基于经验的方法,在忽略大气、土壤、植被间相互作用的前提下,发展了土壤亮度指数(SBI)、绿度植被指数(GVI)、黄度植被指数(YVI)等。用 Landsat 数据已证明 SBI 和 GVI 指数可用来评价植被和裸土的行为,GVI 指数与不同植被覆盖有较大的相关性。在此基础上,又考虑到大气的影响,发展了调整土壤亮度指数(ASBI)和调整绿度植被指数(AGVI)[20]。基于 Landsat MSS 影像而进行主成分分析,Misra 等通过计算这些指数的多项因子而又发展了 Misra 土壤亮度指数(MSBI)、Misra 绿度植被指数(MGVI)、Misra 黄度植被指数(MYVI)和 Misra 典范植被指数(MNS1)。裸土绿度指数(GRABS)是基于 GVI 和 SBI 发展的。Kauth 等利用 Landsat MSS 的 4 个光谱段作为 4 维空间分析了裸土的光谱变化,并注意到裸土信息变化的主要部分是由它们的亮度造成的,提出了“土壤线”或“土壤亮度矢量”的观点。Richardson 等促使了土壤背景线指数(SBL)的发展,并用来辨别土壤和植被覆盖。植被越密,植被像元离土壤线距越大。在航空和卫星遥感影像分析和解译中,土壤线的概念被广泛采用。基于土壤线理论,Jackson 等发展了垂直植被指数(PVI)。相对于比值植被指数,PVI 表现为受土壤亮度的影像较小。Jackson 发展了基于 n 维光谱波段并在 n 维空间计算的植被指数是 n 维植被指数的特殊情况。普遍地用“n”波段计算“m”个植被指数($m \leq n$)。实际上,相对于仅用红波段和红外波段的方法,通道数一味增加,通常并不一定对植被指数有更大的贡献。

NDVI 和 PVI 在描述植被指数与土壤背景的光谱行为上存在着矛盾的一面,因此发展了土壤调整植被指数 SAVI。该指数看上去似乎由 NDVI 和 PVI 组成,其创造性在于,建立了一个可适当描述土壤植被系统的简单模型。为了减小 SAVI 中的裸土影响,将植被指数发展为修改型土壤调整植被指数(MSAVI)。Major 等又发展了 SAVI 的三个新的形式:SAVI2、SAVI3 和 SAVI4,这些转换形式是基于理论考虑,考虑到土壤是干燥的还是湿润的,以及太阳入射角的变化等。

转换型土壤调整植被指数(TSAVI)是 SAVI 的转换形式,也与土壤线有关。TSAVI 又进行改进,通过附加一个“X”值,将土壤背景亮度的影响减小到最小值。SAVI 和 TSAVI 表现出在独立于传感器类型的情况下,在描述植被覆盖和土壤背景方面有着较大的优势。由于考虑了裸土土壤线,TSAVI 比 NDVI 对于低植被覆盖有更好的指示作用,TSAVI 已证明满足低覆盖植被特性[21]。

10.1.1.2 大气

大气作为影响电感辐射传输的主要因素,势必会影响到植被指数。对于植被而言,大气影响在红波段增加了辐射,而在近红外波段降低了辐射,从而使植被指数减小。根据 Pitts 等的研究,大气吸收可减小近红外信息量的 20% 以上。据研究估算,水汽吸收和瑞利散射的影响占植被指数的 5.5%。根据 Jackson 的研究,大气混浊限制了植被的测量并妨碍了植被胁迫的探测。大气阻抗植被指数(ARVI)在红波段完成大气校正,蓝波段和红波段的辐射亮度差异采用红－蓝波段(RB)替代 NDVI 的红波段。该方法减小了由于大气气溶胶引起的大气散射对红波段的影响。通过用大气辐射传输模型在各种大气条件下模拟自然表面光谱,发现 ARVI 与 NDVI 有同样的动态范围,但对大气的敏感性比 NDVⅠ小 4 倍。通过对土壤线的改进,发展了土壤线大气阻抗指数(SLRA),将 SLRA 与 TSAVI 相结合,又形成转换型土壤大气阻抗植被指数(TSARVI),该指数减小了大气、土壤亮度和颜色对 TSAVI 的影响。全球环境监测指数(GEMI)不用改变植被信息而减小大气影响,并保存了比 NDVI 指数覆盖更大的动态范围。尽管 GEMI 的目的是全球性地评价和管理环境而又不受大气影响,但是它受到裸土的亮度和颜色的影响相当大,对稀疏或中密度植被覆盖不太适用。

10.1.1.3 传感器的影响

1. 传感器定标

当利用多源数据获取植被指数并进行多时相联合分析时,必须进行传感器定标。此外,利用单一数据对大范围地区进行植被指数对比分析之前,必须实现对传感器的精确定标。如果利用植被指数对全球和区域植被变化进行连续监测,也需要卫星传感器辐射定标的精确数据。

2. 传感器光谱响应

用不同传感器的数据计算同一目标的植被指数可能结果不同,这是由于每一传感器光谱波段响应函数不同,且其空间分辨率及观察视场也常常不同。波段响应函数是波长探测能力和滤波响应的综合反应。通过计算每一波段平均反射率可评价不同响应函数对植被指数的影响,可对响应函数和光谱值在波长范围内的积分(响应函数非 0),再除以相同波长范围的响应函数的积分值来解决。

10.1.1.4 双向反射(BRDF 模型)

传统遥感的垂直观测获取地表二维信息的方式,通常是基于地面目标漫反射假定(即假设地表是朗伯体,地表与电磁波的相互作用是各向同性),利用地面目标的光谱特性作为分类或判读依据的。但实际上,大气和地表都不是理想的均匀层或朗伯体表面,垂直方向上的空间结构和特性都有差异。地物的反射特性表现出各向异性,并且其反射强度随太阳光的入射角与卫星观测角的变化而变化。因此,自然地表的反射率不仅与所观测地物的几何结构和光谱特性有关,还与入射－观测方向的遥感几何有关,从而出现二向性反射特性,该特性是自然界中物体表面反射的基本宏观现象,即反射不仅具有方向性,而且该方向还与入射方向密切相关。

10.1.2 常用的植被指数及其分类[21]

绿色植物在红光波段的强吸收以及红外波段的高反射、高透射特性,导致绿色植物在红光和近红外波段的反射差异较大。在考虑如上反射差异特性,并综合考虑植被本身、环境、大气等影响的情况下,已经提出了一系列植被指数来有效地综合光谱信号,并提供定量的植被信息。经过几十年的发展现有的各类植被指数大概有 40 多种,可以粗略地分为三种类型:第一类为简单的植被指数,这类植被指数是各种光谱波段的组合,没有包括光谱信息外的其他因素,例如比值植被指数、差值植被指数和归一化差值植被指数等;第二类为基于土壤线的植被指数,这类指数中引入土壤线的一些参数,从而能不同程度地消除土壤背景的影响,例如垂直植被指数;第三类为基于大气校正的植被指数,该类指数引入大气校正因子来减少大气的影响,例如大气阻抗植被指数。此外,随着高光谱传感器技术的发展而出现的高光谱植被指数,会将植被的定量研究向前推进一步。

卫星通常以 DN(Digial Number)值的形式记录光信号。如果卫星传感器经过定标,那么这些 DN 值可以转换成辐射值,即来自地表的光亮[22]。如果还知道入射辐射,那么经过大气校正就可以计算出地表反射率。因此,反射率是最难获取的物理参数,但同时它也是最具价值的参数,因为它反映的是地表自身的特性,而不会受到其上的光强的影响。

10.1.2.1 简单的植被指数

简单的植被指数基于波段的线性组合(差或和) 或原始波段的比值,是由经验方法发展的,没有考虑大气、土壤特性等影响,也没有考虑土壤、植被间的相互作用(如 RVI 等)。它们表现了很强的应用限制性,这是由于它们是针对特定的传感器,并为明确特定的应用而设计的。

1. 比值植被指数(RVI, Ratio Vegetation Index)

1969 年 Jordan 提出了一种植被指数——比值植被指数(Ratio Vegetation Index, RVI):

$$RVI = \frac{\rho_{nir}}{\rho_{red}} \tag{10-1}$$

式中:ρ_{nir} 和 ρ_{red} 分别是近红外波段和红光波段的反射率。绿色健康植被覆盖地区的 RVI 远大于 1,而无植被覆盖的地面(裸土、人工建筑、水体、植被枯死或严重虫害)的 RVI 在 1 附近。RVI 是绿色植物的灵敏指示参数,与 LAI、叶干生物量(DM)、叶绿素含量相关性高,可用于检测和估算植物生物量。

RVI 受到植被覆盖、土壤亮度、大气状况等多种因素的影响。当植被覆盖度较高时,RVI 对植被十分敏感,当植被覆盖度小于 50% 时,这种敏感性显著降低。暗色的土壤背景会使 RVI 偏大,亮色的土壤背景使之偏小。此外,大气效应会大大降低对植被检测的灵敏度,所以在计算前需要进行大气校正[24]。

2. 差值植被指数(DVI, Difference Vegetation Index)

差值植被指数(DVI, Difference Vegetation Index):

$$DVI = \rho_{nir} - \rho_{red} \tag{10-2}$$

该植被指数只是简单地利用了红光和近红外两个波段的反射率,对土壤背景的变化极为敏感。

3. 归一化差值植被指数(NDVI)

归一化差值植被指数 NDVI 是对 RVI 非线性归一化处理后得到的植被指数,因此与 RVI 有一定的联系。NDVI 增强了对植被的响应能力,可以消除大部分与仪器定标、太阳角、地形、云阴影和大气条件等有关的辐照度的变化。该指数能反映植被冠层的背景影响,且与植被覆盖度有关,可以用来监测植被生长活动的季节与年际变化。

$$NDVI = \frac{\rho_{nir} - \rho_{red}}{\rho_{nir} + \rho_{red}} \tag{10-3}$$

或

$$NDVI = \frac{RVI - 1}{RVI + 1} \tag{10-4}$$

NDVI 是目前已有的 40 多种植被指数中应用最广的一种。取值范围为[-1,1],负值表示地物在可见光波段具有高反射特性,往往与云、水、雪等相关联;0 值往往代表了岩石或裸土;正值表示的是不同程度的植被覆盖,值越大则植被覆盖度越高。

基于比值的指数是非线性的,会受到大气辐射的影响。NDVI 对冠层背景的变化也很敏感,使得 NDVI 值在较暗的冠层背景下特别大。此外,在高生物量的情况下,常常发生信号饱和的问题。

简单的植被指数主要用于全球植被变化的监测。在信号达到饱和前,和植被生物量有很好的相关性。而信号饱和通常发生在冠层完全开放的情况下,因此也与植被冠层的生物物理特性有关。但由于这类植被指数对土壤的光学特性很敏感,在植被稀疏地区使用会受到很大的限制[25]。

10.1.2.2 基于土壤线的植被指数

1. 垂直植被指数(PVI,Perpendicular Vegetation Index)

PVI 将与"土壤线"之间的垂直距离,即植被像元到土壤线之间的垂直距离,作为植物生长状况的一个指标。该指标与植被覆盖近似地呈线性关系,其计算公式如下:

$$PVI = \frac{(\rho_{nir} - a\rho_{red} - b)}{\sqrt{a^2 + 1}} \tag{10-5}$$

或

$$PVI = \rho_{nir}\sin\alpha - \rho_{red}\cos\alpha \tag{10-6}$$

式中:a、b 分别为土壤线的斜率和截距;α 为土壤线和近红外轴的夹角。

土壤线是指由近红外波段和红色波段所构成的二维光谱空间中,土壤背景的光谱数据基本上沿着一定斜率和截距的直线分布:

$$\rho_{nir\ soil} = a\rho_{red\ soil} + b \tag{10-7}$$

尽管土壤反射率受许多因素的影响而变化,然而对在同一地区的同一种土壤来说,其红色波段和近红外波段的反射率随土壤含水量及表面粗糙度的变化而近似满足线性关系。对特定的土壤来说,土壤线是固定的,不随时间而变化。

不同类型和生长状况的植被与"土壤线"之间的距离是不同的,即垂直植被指数可表征在土壤背景上存在的植被的生物量的差别。植被与"土壤线"之间的距离越大,则该植被的生物量越大。因此,相对于 RVI,PVI 表现为受土壤亮度的影响较小。

PVI 还可以看作是 RVI 更普遍的一种形式,也就是说,土壤线可以具有任意的斜率。

虽然在稀疏植被地区,PVI 比 NDVI 有更强的适用性,但在很大程度上仍会受到土壤背景的影响。

2. 土壤调节植被指数(SAVI)

许多观测显示,NDVI 对植被冠层的背景亮度非常敏感,叶冠背景因雨、雪、落叶、粗糙度、有机成分和土壤矿物质等因素影响使反射率呈现时空变化。当背景亮度增加时,NDVI 也系统性地增加。对于中等程度的植被,潮湿或次潮湿土地覆盖类型,NDVI 对背景的敏感最大。为减少土壤和植被冠层的背景的双层干扰,提出了土壤调节植被指数(SAVI),该指数看上去似乎由 NDVI 和 PVI 组成,其创造性在于,引入了土壤亮度指数 L,建立了一个可适当描述土壤-植被系统的简单模型[27]。L 的取值取决于植被的密度,变化范围为 0(黑色土壤)~1(白色土壤),如果土壤信息未知,那么建议 L 值为 0.5。试验证明,SAVI 降低了土壤背景的影响,但可能丢失部分背景信息,导致植被指数偏低。

$$SAVI = \frac{\rho_{nir} - \rho_{red}}{\rho_{nir} + \rho_{red} + L}(1 + L) \tag{10-8}$$

3. 修正的土壤调节植被指数(MSAVI)

为减小 SAVI 中裸土的影响,学者提出修正的土壤调节植被指数(MSAVI),它与 SAVI 的最大区别是,L 值可以随植被密度而自动调节,能较好地消除土壤背景对植被指数的影响[27]。

$$MSAVI = \frac{2\rho_{nir} + 1 - \sqrt{(2\rho_{nir} + 1)^2 - 8(\rho_{nir} - \rho_{red})}}{2} \tag{10-9}$$

基于土壤线的理论,Baret F 等(1989)在 SAVI 的基础上,发展了转换型土壤调整植被指数(TSAVI)[28]。由于考虑了裸土土壤线,TSAVI 比 NDVI 对于低植被覆盖有更好的指示作用,适用于半干旱地区的研究。后来对 TSAVI 又进行改进,通过附加个"X" 值,将土壤背景亮度的影响减小到最小值,由此发展了 ATSAVI[29]。

$$TSAVI = \frac{a(\rho_{nir} - a\rho_{red} - B)}{\rho_{red} + a\rho_{nir} - ab} \tag{10-10}$$

$$ATSAVI = \frac{a(\rho_{nir} - a\rho_{red} - B)}{\rho_{red} + a\rho_{nir} - ab + X(1 + a^2)} \tag{10-11}$$

ATSAVI 和 TSAVI 是对 SAVI 的改进,着眼于土壤线实际的 a 和 b,而不是假设为 1 和 0。后来,有学者发现,冠层近红外反射可以表示为红光发射的线性函数,给出了 SAVI 的第二种形式,即 $SAVI_2 = NIR/(R + b/a)$,并依据土壤干湿强度及太阳入射角的变化等,给出了 SAVI 的其他形式($SAVI_3$、$SAVI_4$)等[29]。

总之,这类植被指数显著降低了土壤的影响,在农作物和均一的植被区,这种影响尤为明显。但由于不同地区的土壤线在不断变化,所以必须区别对待。

10.1.2.3 减少大气效应的植被指数

1. 全球环境监测指数 (GEMI)

大气效应对植被指数的影响主要是由于大气中水蒸气和气溶胶对辐射的散射和吸收造成的。可见光区的散射效应比近红外区域的强烈,而对近红外区的吸收则比可见光强烈。为了减少这些大气效应的影响,又提出了全球环境监测指数(GEMI,Global Environment Monitoring Index)[30]:

$$GEMI = \eta(1 - 0.25\eta) - \frac{\rho_{red} - 0.25}{1 - \rho_{red}} \tag{10-12}$$

$$\eta = \frac{2(\rho_{nir}^2 - \rho_{red}^2) + 1.5\rho_{nir} + 0.5\rho_{red}}{\rho_{nir} + \rho_{red} + 0.5} \tag{10-13}$$

GEMI 相对于其他的植被指数的最大优点是,不需要进行大气纠正。GEMI 不用改变植被信息而减少大气影响,与 NDVI 指数相比适用于更大的植被覆盖动态范围。尽管 GEMI 的目的是全球性地评价和管理环境而又不受大气影响,但是它受裸土亮度和颜色的影响相当大,对于稀疏或中密度植被覆盖不太适用。

2. 抗大气植被指数(ARVI)

为了减少大气对 NDVI 的影响,根据大气对红光通道的影响比近红外通道大得多的特点,在定义 NDVI 时,通过蓝光和红光通道的辐射差别来修正红光通道的辐射值,类似于热红外波段的劈窗技术(The Split Window Technique),从而减少了植被指数对大气性质的依赖,发展了抗大气植被指数(ARVI)。

$$ARVI = \frac{(\rho_{nir}^* - \rho_{rb}^*)}{\rho_{nir}^* + \rho_{rb}^*} \tag{10-14}$$

$$\rho_{redb}^* = \rho_r^* - \gamma(\rho_b^* - \rho_r^*) \tag{10-15}$$

$$\gamma = \frac{\rho_{ar} - \rho_{arb}}{\rho_{ab} - \rho_{ar}} \tag{10-16}$$

式中:ρ^* 是预先经过了分子散射和臭氧订正的反射率;下标 a 表示大气,b 表示蓝波段,r 表示红波段;γ 为大气调节参数。在灵敏度分析中,蓝波段采用(0.47 ±0.01) μm,红波段采用(0.66 ±0.025) μm。γ 值总可以选择到一个合适的值,使得 ρ_{arb} 值很小,$\gamma \approx \frac{\rho_{ar}}{\rho_{ab} - \rho_{ar}}$。

ARVI 对大气的敏感性比 *NDVI* 约减小 4 倍,因此扩展了对植被覆盖度检测的灵敏度。γ 是决定 *ARVI* 对大气调节程度的关键参数,并取决于气溶胶的类型。推荐的 γ 为常数 1 仅能消除某些尺寸气溶胶的影响,有很大的局限性。*ARVI* 要先通过辐射传输方程的预处理来消除分子和臭氧的作用,进行预处理时需要输入的大气实况参数往往是难以得到的,给具体应用带来困难。

3. 增强植被指数(*EVI*)

根据土壤和大气的影响相互作用这一事实,发展了一种对相互作用的冠层背景和大气影响进行修正的反馈算法。算法将背景调整和大气修正综合到反馈方程中,从而得到改进型土壤大气修正植被指数 *EVI*[30]:

$$EVI = \frac{\rho_{nir} - \rho_{red}}{\rho_{nir} + C_1\rho_{red} - C_2\rho_b + L}(1 + L) \tag{10-17}$$

EVI 利用背景调节参数 L 和大气修正参数 C_1、C_2 同时减少背景和大气的作用。其中,参数 C_1、C_2 描述的是用蓝色通道对红色通道进行大气溶胶的散射修正。

10.1.2.4 高光谱和热红外植被指数

近年来,随着高光谱分辨率遥感的发展以及热红外遥感技术的应用,又发展了高光谱植被指数和热红外植被指数。

1. 高光谱植被指数

随着高光谱遥感的发展,提出并发展了生理反射植被指数和连续光谱植被指数等高光谱植被指数。具体表达式及其原理简述如下:

1) 生理反射植被指数(*PRI*)

生理反射植被指数(*PRI*)是针对高光谱遥感的特点,对植被生化特性的短期变化(如一天的植被的光合作用)进行探测。该指数最早是在对向日葵生化的短期变化进行分析的基础上提出来的,后来对其进行修正,得到如下模型:

$$PRI = \frac{R_{531} - R_{570}}{R_{531} + R_{570}} \tag{10-18}$$

式中:R_{531} 和 R_{570} 分别代表 531 nm 和 570 nm 处的光谱反射率。

2) 连续光谱植被指数

对于高光谱数据而言,可见光和近红外光谱数据可做一个阶梯函数,表达了植被反射率

在波长为0.7 μm处的突然递增。比如说，$NDVI$可表达为

$$NDVI = \frac{R_{(\lambda_0+\Delta\lambda)} - R_{(\lambda_0-\Delta\lambda)}}{R_{(\lambda_0+\Delta\lambda)} + R_{(\lambda_0-\Delta\lambda)}} \tag{10-19}$$

式中：λ_0为中心波长；$\Delta\lambda$为递增波长。

实际上，高光谱分辨率植被光谱随波长可视为连续过程，因此上述的$NDVI$离散形式可变为连续形式，在$\Delta\lambda \to 0$极限条件下，有

$$NDVI = \frac{1}{2R(\lambda)} \frac{dr}{d\lambda} \tag{10-20}$$

2. 热红外植被指数

目前，应用较为广泛的热红外植被指数包括红边植被指数和温度植被指数($T_s - V_1$)。

1) 红边植被指数

“红边”一般定义为叶绿素吸收红边斜率的拐点。红边位置灵敏于叶绿素a、b的浓度和植被叶细胞的结构。

植物光谱响应曲线中的红边转折点(REIP)定义在波长720 nm附近，光谱反射曲线的一阶导数在此处达到最大值。因此，可以利用高光谱反射数据，采用不同方法测定REIP，通过红边的参数化来表征高光谱植被指数(窄波段植被指数)，或通过计算绿色植物连续光谱中的叶绿素吸收谷(550～730 nm)的形状和面积，获得高光谱植被指数，如叶绿素吸收连续区指数CACI等。

2) 温度植被指数

温度植被指数又可以称为干旱监测指数，它的提出与发展是伴随着遥感干旱检测技术的发展而发展起来的。

以遥感资料得到的陆地表面温度和以$NDVI$为坐标得到的散点图呈三角形，这一三角形称为$T_s - NDVI$特征空间。对这一特征空间进行简化，提出了温度植被旱情指数(见干旱监测)[29]。与此同时，王鹏新等提出条件植被温度指数进行干旱检测。

赵红梅等(2007)对$T_s - NDVI$特征空间进一步简化，利用$NDVI$特定阈值范围内对应的T_s和$NDVI$的均值(阈值间隔为0.01)构建简化的特征空间。根据这一简化的特征空间，提出了干热指数($RTVI$)，并应用于干热环境的识别与监测。

§10.2 混合像元分解

混合像元分解指从实际光谱数据(一般为多地物光谱混合的数据)中提取各种地物成分(端元)以及各成分所占的比例(丰度)的方法。端元提取和丰度估计是混合像元分解的两个重要过程[31]。

端元提取指在混合图像中提取出各种成分。

丰度估计指对每种估计出来的端元物质的比例加以估计。丰度满足非负性、合为一的约束。

常见的混合像元分解方法，主要包括线性波谱分离(Linear Spectral Unmixing)、匹配滤波(MF)、混合调谐匹配滤波(MTMF)、最小能量约束(CEM)、自适应一致估计(ACE)、正交子空间投影(OSP)等[32]。

10.2.1 线性波段预测(Linear Band Prediction)

线性波段预测法(LS－Fit)使用一个最小方框(least squares)拟合技术来进行线性波段预测,它可以用于在数据集中找出异常波谱响应区。LS－Fit 先计算出输入数据的协方差,用它对所选的波段进行预测模拟,预测值作为预测波段线性组的一个增加值。还计算实际波段和模拟波段之间的残差,并输出为一幅图像,残差大的像元(无论正负)表示出现了不可预测的特征(比如一个吸收波段)。

10.2.2 线性波谱分离(Linear Spectral Unmixing)

线性波谱分离可以根据物质的波谱特征,获取多光谱或高光谱图像中物质的丰度信息,即混合像元分解过程。假设图像中每个像元的反射率为像元中每种物质的反射率或者端元波谱的线性组合。例如,像元中的 25% 为物质 A,25% 为物质 B,50% 为物质 C,则该像元的波谱就是三种物质波谱的一个加权平均值,等于 $0.25A+0.25B+0.5C$,线性波谱分离解决了像元中每个端元波谱的权重问题。

线性波谱分离结果是一系列端元波谱的灰度图像(丰度图像),图像的像元值表示端元波谱在这个像元波谱中占的比重。比如端元波谱 A 的丰度图像中一个像元值为 0.45,则表示这个像元中端元波谱 A 占了 45%。丰度图像中也可能出现负值和大于 1 的值,这可能是选择的端元波谱没有明显的特征,或者在分析中缺少一种或者多种端元波谱。

10.2.3 匹配滤波(Matched Filtering,MF)

使用匹配滤波(MF)工具用局部分离获取端元波谱的丰度。该方法将已知端元波谱的响应最大化,并抑制了未知背景合成的响应,最后“匹配”已知波谱。该方法无须对图像中所有端元波谱进行了解,就可以快速探测出特定要素。这项技术可以找到一些稀有物质的“假阳性(false positives)”。

匹配滤波工具的结果是端元波谱比较每个像素的 MF 匹配图像。浮点型结果提供了像元与端元波谱相对匹配程度,近似混合像元的丰度,1.0 表示完全匹配。

10.2.4 混合调谐匹配滤波(Mixture Tuned Matched Filtering,MTMF)

使用混合调谐匹配滤波工具运行匹配滤波,同时把不可行性(Infeasibility)图像添加到结果中。不可行性图像用于减少使用匹配滤波时会出现的“假阳性”像元的数量。不可行性值高的像元即为“假阳性”像元。被准确制图的像元具有一个大于背景分布值的 MF 值和一个较低的不可行性值。不可行性值以 sigma 噪声为单位,它与 MF 值按 DN 值比例变化,如图 10-1 所示。

混合调谐匹配滤波法的结果每个端元波谱比较每个像元的 MF 匹配图像,以及相应的不可行性图像。浮点型的 MF 匹配值图像表示像元与端元波谱匹配程度,近似亚像元的丰度,1.0 表示完全匹配;不可行性(Infeasibility)值以 sigma 噪声为单位,显示了匹配滤波结果的可行性。

具有高的匹配滤波结果和高的不可行性的“假阳性”像元,并不与目标匹配。可以用二维散点图识别具有不可行性低、匹配滤波值高的像元,即正确匹配的像元。

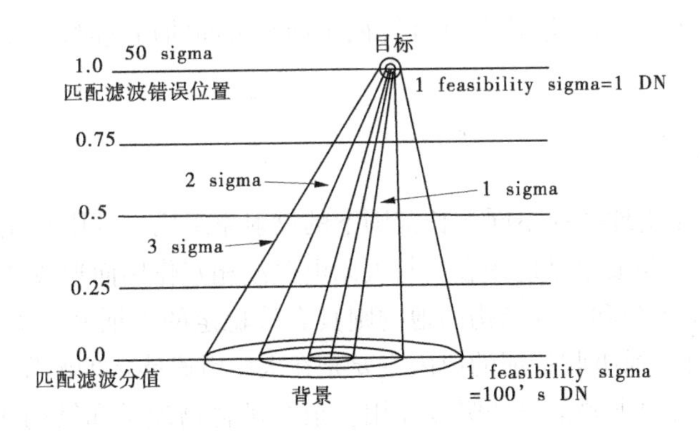

图 10-1 混合调制匹配滤波技术图解

10.2.5 最小能量约束(Constrained Energy Minimization,CEM)

最小能量约束法使用有限脉冲响应线性滤波器(finite impulse response,FIR)和约束条件,最小化平均输出能量,以抑制图像中的噪声和非目标端元波谱信号,即抑制背景光谱,定义目标约束条件以分离目标光谱。

最小能量约束法的结果是每个端元波谱比较每个像元的灰度图像。像元值越大,表示越接近目标,可以用交互式拉伸工具对直方图后半部分拉伸。

10.2.6 自适应一致估计(Adaptive Coherence Estimator,ACE)

自适应一致估计法起源于 Generalized Likelihood Ratio (GLR)。在这个分析过程中,输入波谱的相对缩放比例作为 ACE 的不变量,这个不变量参与检测恒虚警率(Constant False Alarm Rate,CFAR)。

自适应一致估计法是每个端元波谱比较每个像元的灰度图像。像元值表示越接近目标,可以用交互式拉伸工具对直方图后半部分拉伸。

10.2.7 正交子空间投影(Orthogonal Subspace Projection,OSP)

正交子空间投影法首先构建一个正交子空间投影用于估算非目标光谱响应,然后用匹配滤波从数据中匹配目标,当目标波谱很特别时,OSP 效果非常好。OSP 要求至少两个端元波谱。

正交子空间投影法结果是每个端元波谱匹配每个像元的灰度图像。像元值表示越接近目标,可以用交互式拉伸工具对直方图后半部分进行拉伸。

§10.3 光谱角匹配法

高光谱遥感技术的高速发展使得高光谱遥感在资源、环境、城市发展和生态平衡等各个方面有了广泛的应用和快速的发展。这其中,一个很大的应用就是利用高光谱遥感图像信息对地物进行精准的分类,如光谱角度匹配、交叉相关光谱匹配、光谱吸收特征匹配、二值编码匹配等。在这些分类中,光谱角度匹配分类是应用最广泛且最精确的分类方法之一。这种匹配可以不受增益因素影响，因为在计算两个向量之间的角度时，角度不受向量本身长度的影响[38]。

10.3.1 光谱特征

光谱信息主要是由地物在不同波长范围下的反射率组成。利用高光谱成像测量技术直接识别地物类型的主要依据是地物表面与太阳电磁波相互作用而形成的可诊断的光谱吸收特征，具有稳定化学组分和物理结构的地物则具有较稳定的本征光谱吸收特征。大量的理论和试验表明，这种光谱吸收特征的成因主要是在太阳电磁能量的激发下，地物内部的电子跃迁和分子振动过程对电磁能量的吸收作用。根据矿物物理学和结构化学理论，电子过程产生的光谱吸收谱带一般较宽缓，主要是由岩石矿物中存在的铁、铜、镍、锰等过渡金属元素的电子跃迁引起的；而分子振动过程产生的吸收谱带较尖锐，在短波红外区段内的地物的光谱吸收特征主要由羟基（OH—）、水分子（H_2O）、碳酸根（CO_3^{2-}）和硫酸根（SO_4^{2-}）等基团振动产生。

之所以说高光谱图像在某种程序上比一般遥感图像分类更精准，是因为很多矿物的光谱特征只能利用高光谱数据才能被探测到。高光谱数据的光谱分辨率比宽波段遥感高数十倍，在宽波段上无法反映出这些光谱特征，但在高光谱影像上很容易识别。如在植被方面，植被中的非光合作用组分用传统宽带光谱无法测量，而用高光谱对植被组分中的非光合作用组分进行测量和分离则较易实现。又如地质调查方面是高光谱遥感应用中最成功的一个领域。因为一般矿物质的光谱吸收峰宽度为 30 nm 左右，只有利用光谱分辨率小于 30 nm 的传感器才能识别出来。可以用高光谱丰富的光谱信息，依据实测的岩石矿物波谱特征，对不同岩石类型进行直接识别。这从根本上改观了从光学遥感图像上提取地质信息的质量和数量。

10.3.2 光谱库

光谱库是一个在很多波长范围内包含有典型矿物、植物和多种混合物质样品的标准反射率的文件。它的主要信息有波长、分辨率、反射率、物质名、测量的相关信息及物质的相关信息等。通常这种标准库是通过对地物进行精确的测量和进行一系列校准使得误差最小后得到的地物的反射率[39]，如美国地质调查所（USGS）通过深入详细的研究，测量出各混合矿物、植被、水体、冰、雪、大气分子及人造物等的精准反射率及误差值。建立光谱库的目的，是把地物的光谱与光谱库中的光谱逐一进行比较和匹配。当与某一条光谱库的光谱匹配率最大时，就把测量的地物看成与光谱库中物质一样。这样就使地物不仅被分类，还得到了识别。光谱角度匹配方法，也是用光谱库中的一条或多条光谱与实测的地物用一种特定的角度算法来得到它们的匹配率，从而得到分类和识别的结果。除此之外，由于光谱库中光谱的标准性，还可以用光谱库中光谱来对实测地物进行辐射校正。

值得注意的是，在匹配时往往不能直接把光谱库光谱与实测地物光谱进行匹配，因为在大多数情况下，光谱库中光谱反射率所对应的波长值与地物反射率所对应的波长是不完全一样的。为了使匹配在相同的光谱分辨率和波长范围下进行，就必须先对光谱库中光谱进行重采样。

§10.4 小 结

本章主要围绕从植被密集区提取煤矿微弱信息的这一目的出发,如何能减小植被的影响是提取信息的关键。所以,本章主要讨论降低植被干扰方法,主要介绍常用的植被掩模法、混合像元分解法、光谱角匹配法。第一种方法植被掩模法,植被覆盖度是影响影像信息的提取的重要因素,目前植被覆盖度的计算方法主要有两种,分别为:地面实际测量与遥感数据反演。地面实际测量主要是通过目测法、照片分析法和仪器分析等方法对植被覆盖度进行计算,而遥感数据反演中植被指数(NDVI)和像元分析模型法是植被覆盖度计算的两种主要方法。NDVI是目前常用的方法,所以该方法详细介绍了植被指数的影响因素和常用的植被指数及其分类。混合像元分解法主要介绍线性波谱分离法、匹配滤波法、混合调谐匹配滤波、最小能量约束法,自适应一致估计法、正交子空间投影等方法。第三种方法介绍了光谱角匹配方法相关理论,为后续研究区选用合适的降低植被干扰方法提供理论基础。

第 11 章　研究区植被密集覆盖区矿产弱信息提取

§ 11.1　遥感数据源

选取鄂西聚磷区荆当煤盆地为研究区，该区植被覆盖密集，煤矿等裸露地表的微弱信息易于淹没于植被信息中，难以从中等分辨率的遥感影像上识别出来。影像数据用 ASTER 影像数据。

ASTER（Advanced Spaceborne Thermal Emission and Reflection Radiometer）于 1999 年 12 月发射，其传感器为日本所制造，主要装置在美国太空总署的人造卫星 Terra 卫星上。ASTER 是 Terra 卫星上唯一可获取高分辨率影像的多波段（14 个波段）传感器，并且可进行立体观测拍摄，除可详尽地获取地球表面温度、辐射性、反射性和高度起伏的形貌等信息外，更可制作数字地形模型数据。

ASTER 数据的基本参数见表 11-1。

表 11-1　ASTER 数据的基本参数

波长区域	波段	光谱范围（nm）	地面分辨率（m）	中心波长（nm）
可见光 - 近红外 VNIR	1	520 ~ 600	15	560
	2	630 ~ 690		660
	3N	760 ~ 860		820
	3B	760 ~ 860		820
短波红外 SWIR	4	1 600 ~ 1 700	30	1 650
	5	2 145 ~ 2 185		2 165
	6	2 185 ~ 2 225		2 205
	7	2 235 ~ 2 285		2 260
	8	2 295 ~ 2 365		2 330
	9	2 360 ~ 2 430		2 395
热红外 TIR	10	8 125 ~ 8 475	90	8 300
	11	8 475 ~ 8 825		8 650
	12	8 925 ~ 9 275		9 100
	13	10 250 ~ 10 950		10 600
	14	10 950 ~ 11 650		11 300

本研究采用的数据是荆门锅底坑 ASTER 影像，成像时间是 2006 年 4 月 29 日，如

图 11-1所示。该数据波段较多,其短波红外光谱分辨率高的特点为煤矿弱信息的提取奠定了一定的基础。信息提取流程如图 11-2 所示。

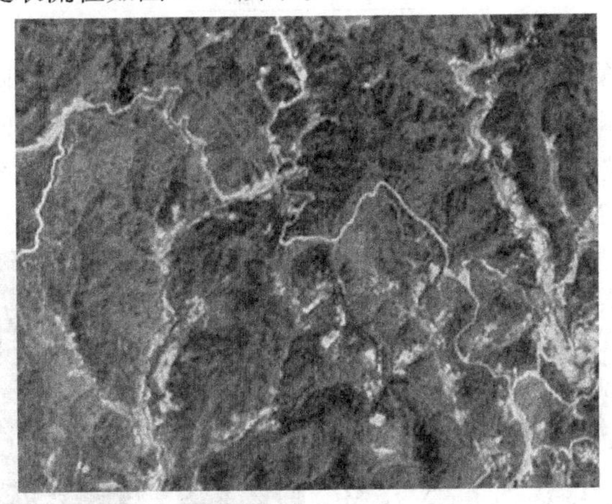

图 11-1　荆门锅底坑 ASTER 影像(RGB = 321,成像时间:2006 年 4 月 29 日)

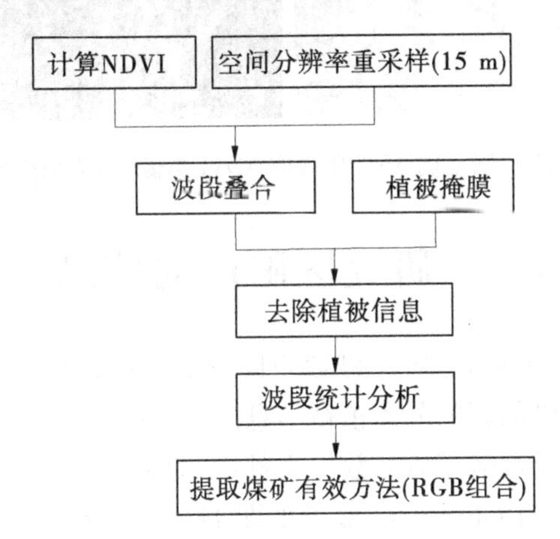

图 11-2　用 ASTER 数据提取植被密集覆盖区煤矿弱信息技术流程

§11.2　计算研究区 NDVI

研究区 NDVI 的计算选用 NDVI 法在 ENVI 软件平台上通过 Band math 工具对研究区植被覆盖度进行计算。首先需要将遥感影像转换为反射率图像,并利用式(11-1)去除影像中红光波段与近红外波段的负值信息。

$$b_n = [float(b_i) < 0] \times 1 + [float(b_i) \geqslant 0] \times b_i \tag{11-1}$$

式中:b_i 为影像中需要的红光波段或近红外波段。首先,对近红外波段进行统计分析,检查波段中有无负值信息,若无负值,可以省去此步骤,然后用式(11-2)对研究区的植被指数进行计算。

$$NDVI = \frac{float(b_1) - float(b_2)}{float(b_1) + float(b_2)} \tag{11-2}$$

式中:b_1 为近红外波段;b_2 为红光波段。

最后,将计算出的 NDVI 图像进行统计,并利用式(11-3)进行植被覆盖度计算。

$$VFC = (b_1 < NDVI_{min}) \times 0 + (b_1 > NDVI_{max}) \times 1 + (b_1 \geq NDVI_{min} \text{ and } b_1 \leq NDVI_{max}) \times \frac{b_1 - NDVI_{min}}{NDVI_{max} - NDVI_{min}} \quad (11\text{-}3)$$

式中：b_1 为植被指数计算结果波段；$NDVI_{min}$ 为计算植被指数最小值，即裸地 $NDVI$；$NDVI_{max}$ 为计算植被指数最大值，即植被覆盖区域取值。将计算出的植被覆盖度指数按照国家标准分出高植被区与中低植被区，并将高植被区进行掩模，将植被信息从研究区分离开来，研究区 NDVI 图像及掩模后的 NDVI 图像如图 11-3 所示。

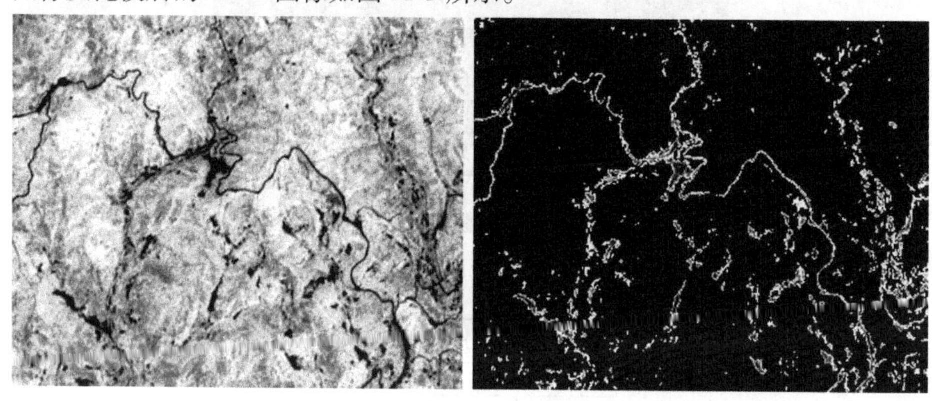

图 11-3　荆门锅底坑 ASTER 数据 NDVI 影像(右为植被掩模后)

§11.3　研究区矿产弱信息提取

为了便于后续分析，将 VNIR、SWIR 波段空间分辨率重新采样为 15 m，并将 NDVI 作为一个波段，叠合为 10 个波段的新的分离植被信息的研究区数据文件。

有效波段组合分析。经过掩模后的数据文件中，煤矿、水体、土壤间的光谱信息呈现得到了很大改善，假彩色合成(RGB=321)效果如图 11-4(a)所示，锅底坑煤矿信息得到了增强，如图中椭圆形标注。在密集植被覆盖区，NDVI 对于土壤信息较为敏感，因此寻找有效波段组合中将 NDVI 作为其中的一个波段。另外，SWIR4 波段对于裸露土壤的测量效果较好，因此将其作为另外一个有效波段。RGB = NDVI、3、4 的假彩色合成效果如图 11-4(b)所示，煤矿信息得到增强。

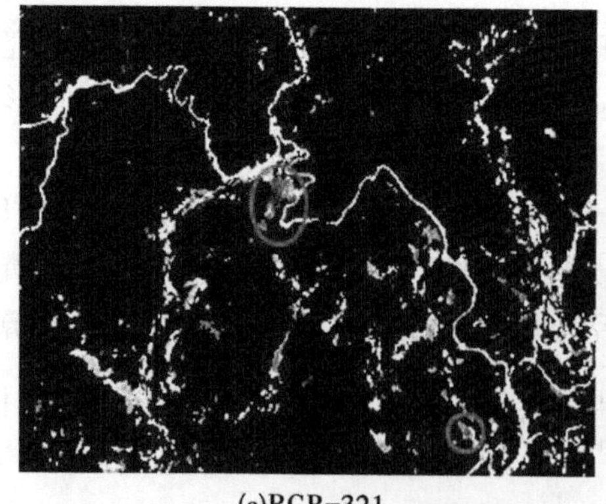

(a)RGB=321

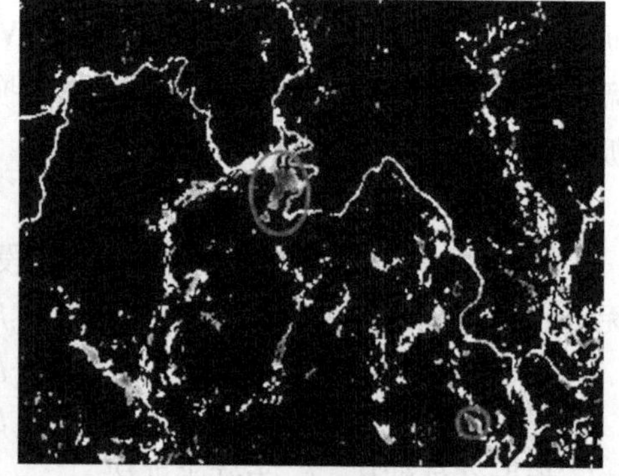

(b)RGB=NDVI、3、4

图 11-4　荆门锅底坑假彩色合成煤矿增强信息

§11.4 小 结

本章应用研究区 ASTER 影像数据采用植被掩模的方法来提取矿区矿产弱信息。首先计算研究区 NDVI,用计算出的植被指数进行植被掩模,将植被信息从研究区分离开来。然后有效波段组合分析,并对掩模后的影像进行假彩色合成增强所需要的微弱矿产信息,达到要研究的目的,并为其他相似问题的研究提供参考思路。

参考文献

[1] 吴兴惠. 传感器与信号处理[M]. 北京:电子工业出版社,1998.

[2] 于慧敏. 信号与系统[M]. 北京:化学工业出版社,2003.

[3] 马建文,等. 遥感数据自动化处理方法与程序设计[M]. 北京:科学出版社,2011.

[4] 高西全,丁玉美. 数字信号处理[M]. 西安:西安电子科技大学出版社,2016.

[5] 万小敏. 光谱吸收式气体传感器探测电路的设计与实现[D]. 武汉:华中科技大学,2011.

[6] 高晋占. 微弱信号检测[M]. 北京:清华大学出版社,2011.

[7] Manninen A, Parviainen T, Buchter S, et al. Long distance active hyperspectral sensing using high-power near-inlrared supercontinuum light source[J]. Opt. Express,2014,22(6):7172-7175.

[8] 贾伯年,俞朴,宋爱年. 传感器技术[M]. 南京:东南大学出版社,2007.

[9] 马建文. 利用 TM 数据快速提取含金蚀变带方法研究[J]. 遥感学报,1997,1(3):208-213.

[10] http://amouraux. webnode. com/research-interests/research-interests-erp-analysis/blind-source-separation-bss-of-erps-using-independent-component-analysis-ica/

[11] 严岷辉,杨光璧. 集成运算放大器分析与应用[M]. 西安:西安电子科技大学出版社,2000.

[12] National Instuments. Labwindows /CVI User Manual[M]. 1998.

[13] 殷林,殷勤业,贾玉兰. 数字信号处理试验[M]. 西安:西安交通大学出版社,1989.

[14] 胡广书. 数字信号处理 - 理论、算法与实现[M]. 北京:清华大学出版社,1997.

[15] 李小文,王锦地. 植被光学遥感模型与植被结构参数化[M]. 北京:科学出版社,1995.

[16] 马超飞,蔺启忠,马建文,等. 定量消除植被影响的补偿置换方法研究[J]. 中国图像图形学报,1999,4(3):553-556.

[17] 马建文. 面向背景的遥感数据特征信息提取技术与实践[D]. 成都:成都理工学院,57-59.

[18] 胡宝忠,胡国宣. 植物学[M]. 北京:中国农业出版社,2002.

[19] 徐希孺. 遥感物理[M]. 北京:北京大学出版社,2005.

[20] 岳天祥. 资源环境数学模型手册[M]. 北京:科学出版社,2003.

[21] 赵英时,等. 遥感应用分析原理与方法[M]. 北京:科学出版社,2003.

[22] 罗亚,徐建华,岳文泽. 基于遥感影像的植被指数研究方法述评[J]. 生态科学,2005,24(1):75-79.

[23] 龙飞. 多角度 NOAA 数据方向信息提取及应用研究[D]. 北京:中国科学院遥感应用技术研究所,2001.

[24] 王正兴,刘闯,HUETE Alfredo. 植被指数研究进展:从 AVHRR - NDVI 到 MODIS - EVL[J]. 生态学报,2003,23(5):979-987.

[25] 谢东辉. 目标与地物背景光散射特性建模[D]. 西安:西安电子科技大学,2002.

[26] 谢东辉. 计算机模拟模型的研究与应用[D]. 北京:北京师范大学,2005.

[27] Pinty, B. ,M. M. Verstruete. GEMI: A non-linear index to monior global vegetation from satllites[J].

Vegetation,1992,10(1):15-20.

[28] Baret F, Guyot G, Major DJ. TSAVI: A vetation index which minimize. soil b rightness Sensing[J]. Vancouver, Canada, 1989:1355-1358.

[29] Teemu Hakala, Juha Suomalainen, Sanna Kaasalainen, et al. Full waveform hyperspectral Lidar for terrestrial laser scanning[J]. Opt. Express, 2012, 20(7):7119-7127.

[30] Baret F. Contribution au suiviradiometrique de cultures de cereals[J]. These de Doctorat,Universite Paris-Sud Orsay, France, 1986:182.

[31] 刘成,金成洙,李笑梅.利用混合像元线性分解模型提取卧龙泉地区黏土蚀变信息[J].地质找矿论丛,2003,18(2):131-133.

[32] 刘春国,谭文刚.基于 Landsat7 ETM + 图像提取蛤蟆沟林场浅覆盖区蚀变遥感异常[J].河南理工大学学报(自然科学版),2016,35(1):59-64.

[33] 吕凤军,郝跃生,王娟,等.植被覆盖区高光谱蚀变矿物信息提取[J].吉林大学学报(地球科学版),2011,41(1):316-321.

[34] 吴浩,徐元进,高冉.基于光谱相关角和光谱信息散度的高光谱蚀变信息提取[J].地理与地理信息科学,2016,32(1):44-48,2.

[35] 吴艳,何政伟,赵银兵,等.中高植被区斑岩型铜矿床矿化蚀变提取[[J].地理空间信息,2015(3):93-95,11.

[36] 许菡.遥感影像混合像元分解新方法及应用研究[D].北京:首都师范大学,2013.

[37] 杨佳佳,姜琦刚,赵静,等.基于改进的 SVM 技术和高光谱遥感的标准矿物定量计算[J].吉林大学学报(地球科学版),2012,42(3):864-871.

[38] 杨胜凯.基于核主成分分析的特征变换研究[D].浙江:浙江大学,2015.

[39] 赵芝玲,王萍,荆林海,等.用 ASTER 数据提取植被覆盖区遥感铁矿化蚀变信息[J].金属矿山,2016,45(10):109-115.

[40] Abrams, M. J. , Ashley, R. P. , Brown, L. C. , et al. Mapping of hydrothermal alteration in the Cuprites mining district, Nevada, using aircraft scanning images for the spectral region 0. 46 to 2. 36 mm[J]. Geology, 1977(5):713-718.

[41] Crosta, A. ,Moore, J. Mc M. Enhancement of Landsat Thematic Mapper imagery for residual soil mapping in SW Minais Gerais State, Brazil: a prospecting case history in Greenstone belt terrain[A]. 1989:1173-1187.

[42] Debba P, Ruitenbeek F J A V, Meer F D V D, et al. Optimal field sampling for targeting minerals using hyperspectral data[J]. Remote Sensing of Environment, 2005,99(4):373-386.

[43] Enton Bedini. Mineral mapping in the Kap Simpson complex, central East Greenland, using Hy Map and ASTER remote sensing data[J]. Advances in Space Research,2011,47(1):60-73.

[44] Hunt, G. R. , Salisbury, J. W. ,Lenhoff, G. J. Visible and near infrared spectra of minerals and rocks: Oxides and hydroxides[J]. Modern Geology,1978(2):195-205.